烘焙玉米秸秆燃烧特性基础研究

赵丽霞　杨诺君　著

中国石化出版社

内 容 提 要

本书以烘焙玉米秸秆为研究对象，用三种不同的方法对不同升温速率下的热重曲线进行了燃烧过程动力学分析，并建立了燃烧动力学模型；利用 FTIR、XPS 对烘焙的玉米秸秆表面含氧官能团的赋存状态及燃烧过程中的含氧官能团的演化特性进行进一步的研究，对反应前后表面含氧官能团的变化做定性及定量的分析；研究了烘焙的玉米秸秆组成结构用以探究其燃烧过程中反应机制和含氧官能团变化规律，再从微观层面上考察烘焙玉米秸秆燃烧过程中产生的物质组成及化学结构方面的变化，从而揭示了对其燃烧反应机理等方面的影响。

本书适合相关专业研究人员和研究生参考使用。

图书在版编目（CIP）数据

烘焙玉米秸秆燃烧特性基础研究／赵丽霞，杨诺君著.—北京：中国石化出版社，2019.10
ISBN 978-7-5114-5561-1

Ⅰ.①烘… Ⅱ.①赵… ②杨… Ⅲ.①玉米秸-燃烧性能-研究 Ⅳ.①S816.5

中国版本图书馆 CIP 数据核字（2019）第 230600 号

中国石化出版社出版发行
地址：北京市东城区安定门外大街 58 号
邮编：100011　电话：(010)57512500
发行部电话：(010)57512575
http://www.sinopec-press.com
E-mail:press@sinopec.com
北京艾普海德印刷有限公司印刷
全国各地新华书店经销
*
710×1000 毫米 16 开本 7.25 印张 130 千字
2019 年 10 月第 1 版　2019 年 10 月第 1 次印刷
定价：45.00 元

前　言

生物质资源蕴藏丰富，但品质较低，作为燃料在规模化应用上还有所局限，特别是玉米秸秆受其高氧、高水分、低热值和亲水性的影响，增大了自身腐烂的风险，为其运输、储存以及作为燃料利用时带来诸多不便。同时，玉米秸秆坚韧的纤维结构和不均匀的组成，使得工艺设计和工艺控制更加复杂。烘焙预处理可以很好地解决上述问题，具有很好的应用前景。基于此背景，本书对烘焙玉米秸秆燃烧过程中的燃烧特性及其表面含氧官能团演化特性进行研究。

本书以吉林成型玉米秸秆为研究对象，经破碎研磨后于管式炉中通氮气制取烘焙样。利用热重分析仪在不同升温速率下对烘焙秸秆焦样的燃烧特性进行研究，DTG 曲线显示失重峰个数随升温速率不同而变化。低于 30℃/min 时，失重峰有三个，分别位于 300℃、400℃、450℃处，主要的热分解物质对应为半纤维素、纤维素、木质素；高于 30℃/min 时，失重峰变为两个主要是因为纤维素与木质素的燃烧峰互相叠加。随着升温速率 β 提高，样品被加热的速率提升，挥发分析出与燃烧加快，致使挥发分燃烧停滞，燃烧向高温区迁移，燃尽温度也不断增大。燃烧滞后性在 TG-DTG 曲线上表现为失重峰跨度变大，最大失重率升高，峰值向高温区迁移。通过 Coats-Redfern 法、Flynn-Wall-Ozawa 法和 Friedman 法对燃烧过程进行了动力学分析，其中 Coats-Redfern 法受研究者主观影响较大。DSC 曲线反映出整个燃烧过程因生物质的分解，而出现吸放热交替，但总体表现为放热反应。并由热重分析结果，选择 350℃、400℃、450℃、500℃作为表征燃烧过程的特征温度点，于管式炉内燃烧制备不同温度下焦样。

利用 ATR-FTIR 和 XPS 技术对烘焙样及不同温度下焦样做表面分析实验，获取烘焙玉米秸秆表面含氧官能团的赋存状态及燃烧过程中的含氧官能团的演化特征信息，对反应前后表面含氧官能团的变化做定性及定量的分析。随着燃烧反应的进行，燃烧过程含氧官能团的演化按照不同的燃烧热解机理可分为不同温度阶段。350℃以下主要是脂肪族成分分解，高于350℃则主要是芳香族成分分解。C—O键含量总体表现为减少趋势，C═O键则先增加后减少。

利用热重、ATR-FTIR以及XPS分析结果综合分析官能团演化规律，燃烧温度低于350℃时，主要是半纤维素受热分解，出现C—O、C═O之间的转化，分子间氢键向分子内氢键以及自由羟基的转化，脂肪族碳链断裂—CH_2/—CH_3虽有增加但总脂肪族官能团含量减少，并在DTG曲线上表现出明显的失重峰；温度升高后，纤维素、木质素受热分解燃烧，各官能团含量逐渐减少最后趋于稳定，在DTG曲线上表现为另外两个失重峰以及对应图谱变化。

本书由河南城建学院赵丽霞、北京市燃气集团有限责任公司高压管网分公司杨诺君编著，由赵丽霞统稿、定稿。本书在撰写过程中参考并引用了国内外专家学者的研究成果和论述，在此向相关内容的原作者表示诚挚的敬意和谢意！

感谢河南城建学院科研能力提升项目990/2016GY003和河南省科技攻关计划项目142102310242提供资金支持。

限于编著者经验水平有限，书中难免有不足和疏漏之处，恳请广大读者批评指正！

编著者

目　录

第1章

绪　论

1.1 研究背景及意义

1.1.1 研究背景

能源是人类社会得以维持和发展的重要物质基础，对社会技术的革新具有举足轻重的作用[1]。国家安全、经济发展和社会稳定都与能源问题息息相关。由于化石能源短缺加之大量开采势必导致其匮乏，最终会消耗殆尽。根据《BP世界能源统计年鉴》(BP，2018)，2017年全球一次能源消耗增长达到2.2%，以天然气领涨全球能源消费，其次是可再生能源与石油。我国能源消费每年增长3.1%，连续17年成为全球能源消费增量最大的国家。

生物质资源作为一种可再生的清洁能源，CO_2排放量几乎为零。绿色植物利用叶绿素通过光合作用，把CO_2和H_2O转化为葡萄糖，并把光能储存在其中，然后进一步把葡萄糖聚合淀粉、纤维素、半纤维素木质素等构成植物本身的物质。所谓生物质可以理解为，由光合作用产生的所有生物有机体的总称，包括植物、农作物、林产物、海产物(各种海草)和城市垃圾(纸张、天然纤维)等。据估计，作为植物生物质的主要成分——木质素和纤维素每年以约1640亿吨的速度再生，如以能量换算相当于石油产量的15~20倍。如果这部分资源能够得到很好的利用，人类相当于拥有了一个取之不尽的资源宝库。而且，由于生物质来源于空气中的CO_2，燃烧后再生成CO_2，所以理论上不会增加空气中CO_2的含量。CO_2是最主要的温室效应气体(greenhouse effect gas)，它对全部温室效应的贡献为26%，对大气中除水蒸气外各种气体引起的温室效应的贡献约为65%。鉴于利用生物质作为能源不会增加大气中CO_2的含量，即碳中性(carbon neutral)，生物质与矿物质能源相比更为清洁。在全球碳排放控制日益严格的大背景下，生物质能源在全球资源战略中的地位日益彰显，并提升到各国能源发展规划的议程中[2,3]。对于生物质能源的大规模资源化利用，不仅有利于解决当前日益严峻的能源短缺问题，而且对于缓解环境恶化也起到作用。此外它在发电、化工、农业、环保等领域也具有许多可供综合利用的潜在前途。生物质资源的研发与利用正在步入全面发展的新时期。

我国生物质资源种类众多且蕴藏丰富，却几乎未被很好地利用。20 世纪 80 年代以来，我国的能源每年总消耗量增长约 5%，比世界平均增长率高近 3 倍。未来的若干年，我国经济社会将进入重要的发展时期。从能源供应和经济发展来看，我国的能源发展面临着十分严峻的形势和挑战，持续上升的能源需求要求更多的能源供给，石油天然气越来越依存国外输入。目前全球能源供需平衡关系脆弱，石油市场波动频繁，国际油价居高不下。因此，尽快改善能源消耗结构，加大能源保障安全迫在眉睫。生物质能源项目的实施，有利于我国能源结构优化，改善我国能源供需关系，促进社会可持续发展。

国家多次发布有关鼓励和支持生物质产业发展的政策，这对中国生物质的利用与发展起到了促进作用。2013 ~2015 年，我国在全国尤其是在京津冀鲁、长三角、珠三角等大气污染防治形势严峻、压减煤炭消费任务较重的地区，建设 120 个生物质成型燃料锅炉供热示范项目，总投资约 50 亿元；国家能源局生物质能发展“十三五”规划提出：到 2020 年，生物质能基本实现商业化、规模化利用。生物质发电总装机容量达到 1500 万千瓦，年发电量 900 亿千瓦，其中农林生物质直燃发电 700 万千瓦，城镇生活垃圾焚烧发电 750 万千瓦，沼气发电 50 万千瓦。因此，积极发展生物质成型燃料供热，稳步发展生物质发电是解决能源问题的重中之重。

中国对生物质能源利用极为重视，已连续四个国家五年计划将生物质能利用技术的研究与应用列为重点科技攻关项目，开展了生物质能利用技术的研究与开发，如户用沼气池、节柴炕灶、薪炭林、大中型沼气工程、生物质压块成型、气化与气化发电、生物质液体燃料等，取得了多项优秀成果。政策方面，2005 年 2 月 28 日，第十届全国人民代表大会常务委员会第十四次会议通过了《可再生能源法》，2006 年 1 月 1 日起已经正式实施，并于 2006 年陆续出台了相应的配套措施。这表明中国政府已在法律上明确了可再生能源包括生物质能在现代能源中的地位，并在政策上给予了巨大优惠支持。2007 年，国家发展和改革委员会制订的《中国对应气候变化国家方案》确认，2010 年后每年将通过发展生物质能源减少温室气体排放 0.3 亿吨 CO_2 当量。因此，中国生物质能发展前景和投资前景极为广阔。

吉林省新能源和可再生能源“十三五”发展规划指出：根据全省 2015 年的粮食产量测算，农作物秸秆可能源化利用量约为 1200 万吨/年。到 2020 年，生物质发电装机 131 万千瓦，开发生物质成型燃料 500 万吨。到 2030 年，生物质发电装机170万千瓦，开发生物质成型燃料800万吨。根据吉林省生物质资源赋存量和能源需求，大力发展生物质能源，加快发展农林生物质成型燃料，不断扩大秸秆成型燃料集中供热示范面积。

1.1.2 生物质利用技术

1.1.2.1 生物质资源概况

生物质是指利用大气、水、土地等通过光合作用而产生的各种有机体，多以农林业生产过程中除粮食、果实以外的秸秆(如图1-1)、树木等木质纤维素(简称木质素)、农产品加工业下脚料、农林废弃物及畜牧业生产过程中的禽畜粪便和废弃物等物质为代表。其特点是可再生、低污染、分布广泛。中投顾问发布的《2016~2020年中国生物质能发电产业投资分析及前景预测报告》指出，全球每年经光合作用产生的生物质约1700亿吨，其能量相当于世界主要燃料贡献的10倍，而作为能源的利用量还不到总量的1%，极具开发潜力。我国生物质资源丰厚且分布广泛，遍布于山东、河南、河北、江苏、黑龙江、吉林、四川、湖北、安徽和内蒙古各省。据《中国统计年鉴2014》，我国农作物秸秆理论资源量约为8.7亿吨，约折合4.4亿吨标准煤，但其中被用于工业原料的仅为3%，约有15%的农作物秸秆被露天焚烧。2015年，我国可再生能源消费量超过4.4亿吨标准煤，生物质能占比不到1/10，生物质资源利用率低。

真正能够永续使用的能源系统应该建立在可再生能源的基础上，其中生物质能有它自身的明显优势，这是因为：

① 生物质是资源丰富的重要的可再生能源。生物质是植物通过光合作用产生的有机物，而绿色植物的光合作用是地球上最重要、规模最大的太阳能转换和利用过程。地球上每年生长的生物质总量为(1400~1800)亿吨干物质，相当于目前世界总能耗的10倍，是生生不息的可再生资源。生物质资源分布广泛，受地域限制较少，这对于国家的能源安全是十分重要的。我国是生物质资源丰富的国家，在工农业生产中产生了大量农林残余物、工业生物质废弃物和有机废水，每年可利用的生物质资源量超过10亿吨标准煤，使生物质利用技术建立在可持续供应资源的基础上。

② 生物质能是二氧化碳零排放的洁净能源。植物的生长过程从空气中吸收大量的二氧化碳，是空气中碳元素返回土壤的主要途径，从而保持了大气中二氧化碳的基本平衡，保证了人类的生存条件。也就是说在其整个生命周期内，基本

图 1-1 秸秆实物图

上不产生净的二氧化碳，而且生物质中的硫含量极低，利用过程中几乎不释放 SO_x。因此生物质能的利用将有利于减少二氧化碳的排放，减轻全球变暖的趋向，生物质利用技术是一条真正清洁的能源利用技术路线。2017 年我国有 7.2 亿吨秸秆可作为能源使用。

③ 生物质具有稳定的可获得性。在可再生能源中，太阳能、风能、水能等都是非物质的过程性能源，只有生物质是可储存、可运输的物质能源，收获以后可以全天候使用而不受气候的影响。与其他可再生能源相比，稳定的可获得性是生物质能的突出优点。

生物质燃烧发电最先在丹麦践行，并且成为绿色发展成功的典范，其先进的秸秆发电技术被联合国列为重点推广项目。我国则在21世纪初才开始有进展，于2006~2013年保持增长步入快速发展期。截至2014年年底，全国(不含港澳台地区)已经有29个省(市、区)建设了生物质能发电项目。分区域看，生物质发电装机主要集中在华东地区，2014年并网容量达296.69万千瓦，累计市场份额为31.31%，居全国首位。其次是华北地区和华中地区，分别为248.23万千瓦和185.4万千瓦。分省份看，山东省和江苏省生物质发电累计核准容量分别居全国前两位，分别为168.07万千瓦和139.5万千瓦，占全国累计核准容量的11.81%和9.8%。其次是湖北省、浙江省、黑龙江省、吉林省，上述六省累计核准容量占全国总核准容量的46.94%。在建容量上，江苏、吉林、湖南三省最高，分别为43.5、41.79和38.6万千瓦。截至2015年年底，我国生物质发电并网装机总容量为1031万千瓦，已位居世界第二位，仅次于美国。

1.1.2.2　生物质的资源特点

1. 生物质的物理特性

生物质的物理特性是十分重要的，生物质的分布、自然形状、尺寸、堆积密度及灰熔点等物理特性影响生物质的收集、运输、存储、预处理和相应的燃烧技术。

(1) 堆积密度。堆积密度是指包括固体燃料颗粒间空隙在内的密度。一般在自然堆积的情况下进行测量，它反映了单位容积中物料的质量。根据生物质的堆积密度可将生物质分为两类，一类为硬木、软木、玉米芯及棉秸秆等木质燃料，它们的堆积密度在200~350kg/m^3；另一类为玉米秸秆、稻草和麦秸等农作物秸秆，它们的堆积密度低于木质燃料。另外，生物质的堆积密度远远地低于煤的堆积密度，例如，已切碎的农作物秸秆的堆积密度为50~120kg/m^3，锯末的堆积密度为240kg/m^3，木屑的堆积密度为320kg/m^3，褐煤的堆积密度为560~600kg/m^3，烟煤的堆积密度为800~900kg/m^3。较低的堆积密度，不利于农作物秸秆的收集和运输，而且需要占用大量的堆放场地。

(2) 灰分熔点。在高温状态下，灰分将变成熔融状态，形成含有多种组分的灰(具有气体、液体或固体形态)，在冷表面或炉墙会形成沉积物，即积灰或结渣。灰分开始熔化的温度称为灰熔点。生物质的灰熔点用角锥法测定。灰粉末制成的角锥置于保持半还原性气氛的电路中进行加热，角锥尖端开始变圆或弯曲时的温度称为变形温度 t_1，角锥尖端弯曲到和底盘接触或呈半球形时的温度称为软化温度 t_2，角锥熔融到底盘上开始熔融或平铺在底盘上显著熔融时的温度称为流

动温度 t_3。生物质中的Ca和Mg元素通常可以提高灰熔点，K元素可以降低灰熔点，Si元素在燃烧过程中与K元素形成低熔点的化合物。农作物秸秆中Ca元素含量较低，K元素含量较高，导致灰分的软化温度较低。例如，秸秆的变形温度为860~900℃，对设备运行的经济性和安全性有着一定的影响。

由于生物质的种类繁多，且产地及气候等因素影响较大。为了准确地分析生物质特性，国际上建立了记录生物质相关特性的数据库。例如，由荷兰能源研究所建立的数据库，内容包括生物质及固体废物的相关特性。

2. 生物质燃料的热值

生物质燃料主要有农作物秸秆、薪柴、野草、畜粪和木炭等，通常它们都含有不同比例的水分。1kg生物质完全燃烧所放出的热量，称为它的高位热值。水分在燃烧过程中变为蒸汽(燃料中氢燃烧时也生成水蒸气)，吸收一部分热量，这部分热量称为汽化潜热。高位热值减去汽化潜热值得到的热量，即为1kg生物质的低位热值，国内在燃用生物质过程中，生物质发热量的计算常常取其低位热值(如果不特别注明)。由于水分在转变成蒸汽时吸收热量，不同的生物质因其含水量的不同，导致其低位热值的不同，通常含水量越大，低位热值越小。表1-1是部分生物质燃料随含水量的不同，其低位热值的变化情况[4]。

表1-1 生物质燃料低位热值与含水量之间的关系

含水量/%	棉花秆/(kJ/kg)	豆秸/(kJ/kg)	麦秸/(kJ/kg)	稻秸/(kJ/kg)	谷秸/(kJ/kg)	柳树枝/(kJ/kg)	杨树枝/(kJ/kg)	牛粪/(kJ/kg)	马尾松/(kJ/kg)	桦木/(kJ/kg)	椴木/(kJ/kg)
5	15945	15836	15439	14184	14795	16322	13996	15380	18372	16970	16652
7	15552	15313	15058	13832	14426	16929	13606	14958	17933	16422	16251
9	15167	14949	14682	13481	14062	15519	13259	14585	17489	16125	15841
11	14774	14568	14301	13129	13694	15129	12912	14209	17050	15715	15439
12	14577	14372	14155	12954	13514	14933	12736	14016	16828	15506	15238
14	14192	13991	13732	12602	13146	14535	12389	13640	16385	15096	14837
16	13803	13606	13355	12251	12782	14134	12042	13263	15937	14686	14426
18	13414	13221	12975	11899	12460	13740	11694	12391	15493	14276	14021
20	13021	12837	12598	11348	12054	13343	11347	12431	15054	13870	13623
22	12636	12452	12222	11194	11690	12945	10996	12134	14611	13460	13213

3. 生物质的元素分析和工业分析

生物质固体燃料是由多种可燃质、不可燃无机矿物质及水分混合而成的。其中，可燃质是多种复杂高分子有机化合物的混合物，主要由C、H、O、N和S等元素组成，其中C、H和O是生物质的主要成分。

(1) 碳(C)是生物质中主要的可燃元素。在燃烧期间与氧发生氧化反应，lkg的C完全燃烧时，可以释放出34045kJ的热量，基本上决定了生物质的热值。生物质中的C部分与H、O等化合为各种可燃的有机化合物，部分以结晶状态C的形式存在。

(2) 氢(H)是生物质中仅次于C的可燃元素，1kg的H完全燃烧时，可以释放出142256kJ的热量。生物质中所含的H一部分与C、S等化合为各种可燃的有机化合物，受热时可热解析出，且易点火燃烧，这部分H称为自由氢。另有一部分H和O化合形成结晶水，这部分H称为化合氢，这一部分的H不能参与氧化反应，释放出热量。

(3) 氧(O)和氮(N)均是不可燃元素，O在热解期间被释放出来一部分满足燃烧过程中对氧的需求。在一般情况下，N不会发生氧化反应，而是以自由状态排入大气；但是，在一定条件下(如高温状态)，部分N可与O生成NO_x，会对大气环境造成污染。

(4) 硫(S)是燃料中一种有害可燃元素，它在燃烧过程中可生成SO_2和SO_3气体，既有可能腐蚀燃烧设备的金属表面，又有可能污染环境。生物质中S含量极低，如作为煤等化石能源的替代燃料，可减轻对环境的污染。

(5) 灰分指燃料燃烧后所形成的固体残渣，是原有的不可燃矿物杂质经高温氧化和分解形成的，对生物质燃烧过程有着一定的影响。如果生物质的灰分含量高，将减少燃料的热值，致使着火点温度提高，着火困难。如稻草的灰分含量可达14%，导致其燃烧比较困难。

在农作物收获后，将秸秆在农田中放置一段时间，利用雨水进行清洗，可以减少其中的Cl和K的含量；且可除去部分灰分，减少运输量，减轻对锅炉的磨损，减少灰渣处置量。

(6) 水分是燃料中的不可燃成分，一般分为外在水分和内在水分。外在水分是指吸附在燃料表面的水分，可用自然干燥方法去除，这部分水分与运输和存储条件有关；内在水分是指吸附在燃料内部的水分，该部分水分比较稳定。生物质水分的变化较大，水分的多少将影响燃烧的状况，含水率较高生物质的热值有所下降，导致起燃困难，燃烧温度偏低，阻碍燃烧反应的进行。

(7) 挥发分是样品失去水分后，在隔绝空气的条件下加热，使燃料中有机物分解而析出的气体产物。挥发分主要是由各种碳氢化合物、氢、一氧化碳、硫化氢等可燃气体组成。此外，还包括少量的氧、二氧化碳、氮等不可燃气体。挥发分是燃料燃烧的重要特性，挥发分的着火温度较低，使燃料容易着火。生物质中挥发分的含量较高，可达到75%左右，有的生物质在300℃时即能开始燃烧。挥发分多的煤也较易于燃尽，燃烧热损失较少。因为在挥发分析出后，燃料表面呈现多空状，与助燃空气接触的机会增多。

1.1.2.3　生物质利用技术

1. 生物质燃烧

生物质燃烧泛指生物质类物质（农作物、秸秆、锯末、花生壳、稻壳）进行燃烧。通常在热带国家中出现的大范围的陆面植被的燃烧现象即属于生物质燃烧，它可使养分重归土壤，但也会引起生态失衡、大气污染等方面的问题。

（1）生物质直接燃烧。把生物质原料送入适合生物质燃烧的特定锅炉中直接燃烧，主要分为炉灶燃烧和锅炉燃烧。传统的炉灶燃烧方式燃烧效率极低，热效率只有10%~18%，即使是目前大力推广的节柴灶，其热效率也只有20%~25%。生物质锅炉燃烧采用先进的燃烧技术，把生物质作为锅炉的燃料，以提高生物质的利用效率，适用于相对集中、大规模利用生物质资源。

（2）生物质成型燃料燃烧。生物质成型燃料是指将具有一定粒度的农林废弃物原料经干燥后在一定压力作用下可连续挤压成致密的具有某种形状（常见棒形）的压缩成型物，主要用于替代传统化石能源（煤、油、天然气），在专门研制开发的生物质燃烧器中直接燃烧的一种新型清洁燃料。压实后的生物质热值得到很大提高，且便于运输[5]。成型燃料除了具备生物质燃料优点外，因经加工成型，其燃烧和利用起来比生物质更优越，主要是：①由于机械压制，结构变得致密，使得挥发分的析出速度和燃烧速度适中；②挥发分含量一般在70%~80%，着火点低，很容易着火和完全燃烧；③生物质本身含N、S量比煤少得多，同时生物质生长和利用过程中实现碳的零排放，属于清洁燃烧；④生物质基本不含重金属，在燃烧利用过程中重金属零排放；⑤飞灰含量极低，少于3%，燃烧形成的灰量少；⑥成型燃料中可添加脱氯剂，减少气相氯化物的生产[6]。

杜良巧等[7]对纯松树枝以及少量酒糟和松树枝混合为原料的两种固体成型燃料的物理性能及燃烧过程进行分析发现，添加少量酒糟后固体成型燃料的热值与S元素的含量均有提高；此外两种燃料的TG和DTA曲线几乎一致，表明二者的燃烧机理完全相同。燃料在不同热处理条件下的灰分的XRD分析结果表明，常压常温下灰分主要成分是无定形碳，灰分在500℃高温热处理后主要为K_2O物质。

桑会英等[8]的研究发现，生物质成型燃料中的S主要以有机态存在，其分解析出发生在600℃以下；成型后S的析出量在350℃时约减少16%，但是温度升高以后，成型过程对S的析出量影响不大。Cl的析出集中发生在中低温度段，主要是水溶态Cl发生反应而析出；相比棉秆生物质原样，成型以后Cl的释放量有所减少。燃料本身特性的不同导致碱金属Na与K的析出特性显著不同，并且棉秆成型后Na与K的析出率增大，低温下（<550℃）Ca和Mg的析出量变化不大，高温下（>550℃）析出率增长大约10%。

2. 生物质气化

生物质气化技术指的是固体生物质原料发生化学反应，产生高效清洁的可燃气体的热处理技术。其技术机理是生物质原料在气化剂作用下，并在气化装置中发生反应，使生物质成分中的可降解高聚物发生热解、氧化、还原、重整等一系列反应。反应过程中，产生的焦油在催化剂的作用下进一步催化裂解获得含CO、CH_4、H_2、C_mH_n等烃类化合物的燃气称之为气化合成气。气化过程中经常使用的气化介质为空气、氢气、水蒸气、氧气和水蒸气的混合气，采用不同的气化介质，生成的燃气成分及焦油含量也不同。由于生物质由纤维素、半纤维素、木质素、惰性灰等组成，含氧量和挥发分高，焦炭的活化性强，因此，生物质与煤相比，具有更高的活性，更适合气化。

空气气化指的是在空气氛围中进行气化过程。该工艺优点表现为经济性较好，但是由于空气中存在大量氮气造成合成气的稀释，从而使合成气热值较低，热值一般在5MJ/m^3左右。由于合成气热值较低，在输运过程中，造成热损失较大，因而输送效率低。

氢气气化是指气化过程中采用氢气作气化剂，在高温条件下气化剂与水蒸气发生反应产生大量的CH_4，因而合成气热值较高，通常在25MJ/m^3左右。该过程的难点在于该反应条件苛刻，一般要求高温高压且氢气作为气化剂，对气化装置提出较高的要求。出于安全性考虑，所以通常运用较少。

水蒸气气化顾名思义即采用水蒸气作气化剂。该过程较为复杂，包括炙热的碳遇水蒸气发生的还原反应、由于水蒸气的通入合成气发生甲烷化反应同时水蒸气和生成的CO发生变换反应等。由于合成气中存在大量氢气和甲烷，可燃气属于中热值气体（12~19MJ/m^3），合成气可用作燃气直接使用，也可用作原料作为化工合成气[9]。

刘春元等[10]利用氧气作为气化剂，研究氧气对生物质气化气及焦油成分的影响，氧气量增加导致气化炉中温度上升从而使得气化气中可燃气体组分增加，以及占主要比重的焦油组分相对含量减少。

在气化反应器方面主要开发了3种形式的设备：流化床反应器[11,12]、下吸式气化炉反应器[13]和复合式低焦油固定床气化器[14]，反应器装置趋向于大型化。于杰等[15]采用循环流化床气化中试装置对玉米秸秆进行了气化试验，研究空气当量比ER、原料含水率对反应温度、气化燃气组分与热值、气化效率及燃气中的焦油含量等气化特性影响规律，并通过改变进料量试验得到了在不同负荷运行条件下的优化工作参数。结果表明：①随着ER的增大，循环流化床气化炉内的反应温度升高，气化燃气中的CO_2含量增加，焦油与CO含量及燃气热值降低，气化效率随ER的增大呈现先增大后减小趋势，较理想的ER为0.26，此时的气化效率达到70.2%、燃气热值为5.1MJ/m^3；②原料含水率的增大降低了气化炉内的反应温度，当原料含水率在5%~15%之间逐渐增大时，燃气中的H_2含量、燃气热值及气化效率均有提升，当含水率由15%继续增大到25%过程中，燃气热值与气化效率均出现了快速下降；③根据气化炉额定进料量设计值，改变进料负荷在66%~120%范围内，调节ER在0.26~0.3时均可得到较好的运行工况，对应得到的燃气热值为4.8~5.1MJ/m^3、气化效率为69%~72%。耿峰等[16]以玉米秸秆颗粒为原料，利用下吸式固定床气化炉进行了空气热解气化，并与鼓泡式流化床气化炉进行的富氧热解气化结果进行了对比，结果显示：空气热解气化在热解温度为660~670℃时燃气低热值最高，约为3.91~4.44MJ/Nm^3；富氧热解气化燃气低热值最高可达8.48~9.38MJ/Nm^3(热解气化温度为575~750℃时)；无氧热解气化在热解温度为380~530℃时的燃气低热值约为14.51~16.49MJ/Nm^3，并可联产生物炭、生物油等。

3. 生物质热解

生物质热解是指生物质在隔绝或少量供给氧化剂(空气、氧气、水蒸气等)的条件下，加热到500℃以上，利用热能切断生物质大分子中的化学键，使之转化为低分子量物质。由于生物质主要由成分和结构比较复杂且多元性的大分子量有机物组成，如纤维素、半纤维素、木质素等，在其热解过程中就会包括众多连续和同时发生的复杂化学过程。这种热解过程所得产品主要有固体(焦炭)、液体(生物油)、气体(富含H元素)三类产品。热解被认为是将生物质能转化为可利用的中间化学品或能源的前沿技术之一[17]，因为可以通过加入催化剂等预处理优化工艺条件进而有选择性地提高气体，液体和焦炭的产率。依据生物质热解实验条件的不同可分为慢速热解、常规热解和快速热解[18]。Chen等[19]使用热重分别对松木锯末、蕨类植物、麦秆、甘蔗渣和黄麻秆的热解特性及动力学进行了研究。得出结论：五种生物质的热解过程可分为三个阶段，分别主要对应于半纤维素，纤维素和木质素分解。纤维素和木质素的平均活化能分别为 148.12～164.56kJ/mol，171.04～179.54kJ/mol，175.71～201.60kJ/mol。

温度是生物质热解过程中的关键因素，它对热解产物的分布、组分、产率和热解气热值都有很大的影响[20]。在热解过程中焦炭和生物质气的产量一般随温度的升高呈现出相反的变化趋势，焦油的产量变化则不太明显。升温速率同样也是热解过程的关键因素，随着升温速率的变大，温度传递会明显滞后，导致生物质颗粒内外的温差变大，会使热解产物的产率和成分都产生很大的变化。

压力对热解的影响机理目前尚不完全清楚，但随着压力的升高，半焦和焦油的产量分别表现为增大和减小的趋势[21]。催化剂对生物质热解的影响比较特殊，可以改变反应产物的产率和生物油进行原位提质，同时催化脱氧、裂解、聚合、脱水、氢转移、低聚和芳构化等一系列反应过程以提高产物收率[22]。

4. 生物质烘焙

生物质低品质性人们已有共识。过去的研究发现，生物质作为燃料具有高水分、低热值、低密度、可磨性差等特点，这并不利于其运输与储存[23,24]。为了获得高品质的生物质燃料，人们通常会做一些前处理。烘焙作为一种生物质燃料的前处理手段，近几年来备受关注。生物质烘焙是一种常压、惰性气氛下在 200～300℃的热预处理，可脱除生物质中的绝大部分水分以及部分含氧挥发分，形成以水分与乙酸为主的液体产物和以 CO_2 为主的气体产物，而经烘焙生物质样品的质量产量一般有 70%，而能量产率较高(约 90%)，经烘焙后生物质的能量密度可提高 30%左右。烘焙处理不仅改变了生物质的纤维结构和韧性，而且提高了热值。此外，经过烘焙后的生物质疏水性变强，不易腐烂更便于储存。在烘焙的过程中生物质部分挥发导致质量下降，但其能量存留于固体产物中，因此生物质能量密度提高便于运输。可以说，经烘焙后的生物质燃料特性大有改善，其水分含量降低、能量密度提高、热值变大、燃料变得更加易磨[25-30]。

Magalhaes 等[31]对几种增加用于 BTL 技术的给料能量密度的预处理方法(包括旋转锥热解、流化床热解以及烘焙技术和成型技术的结合)进行了对比，研究发现，烘焙技术最具经济性，而且从二氧化碳减排方面来看也最具环境友好性。

烘焙的整个过程可以分为加热、干燥、烘焙与冷却四个阶段。若以 Bergman 等[32]提出的定义为基础，进一步定义烘焙中各温度-时间阶段，则整个烘焙过程可以分为五个阶段：

① 初始加热：生物质经过初始加热直到达到干燥阶段。在这一阶段，温度上升，而在这一阶段结束时，水分开始蒸发。

② 预干燥：在 100℃时，游离水在恒温条件下从生物质中蒸发。

③ 干燥后和中间加热：生物质温度提高到 200℃，物理结合水释放，但生物质颗粒内传热传质受阻。在这一阶段，质量的损失源于一些轻组分蒸发。

④ 烘焙：这个阶段是烘焙实际发生的阶段。当温度从 200℃加热到特定温度，恒温一段时间后再从特定温度冷却到 200℃时结束加热。加热最高恒定温度即为生物质烘焙温度。在这一过程中生物质质量大大减少。

⑤ 固体冷却：将加热后的产品进一步冷却到 200℃以下，达到理想的最终温度，即室温。

烘焙通常又被叫作焙烧、缓慢及轻度热解或者是高温干燥。在近代历史上，烘焙多应用于各种木质生物质，但在 1930 年左右，法国学者就已经研究了烘焙过程。近几年来关于烘焙方面研究的出版物数量有所增加。不同种类生物质烘焙研究的文献有：海松、栗树、橡树和桉树、加勒比松[33]、桦木、松树、甘蔗渣[34]、竹[35]、木质煤块[36]、英国栎[37]、柳安木[38]、油棕废料[39]。200℃以下的热处理主要用于木材保存[40-44]，而烘焙主要还是以能源利用为目的。

1.1.3 本书的研究意义

世界各国的生物质储存量和可利用量都非常可观，但作为燃料受其结构特性制约一直未能规模化应用。生物质结构的非均质性、物理性质的不均匀性和能量低密度性已然成为其高效、经济的运输、处理、储存和转化为生物能源产品的主要问题。生物质原始形态具有广泛的水分含量(25% ~60%)，颗粒大小不均(10 ~100mm)，能量密度低(8 ~14MJ/kg)，在现有的燃烧和气化中难以储存、运输。木质纤维素生物质的低密度(60 ~100kg/m^3)进一步增加了原料的运输和储存成本。因此，针对生物质燃料在应用过程中的诸多问题，有必要对生物质燃料进行预处理。在众多预处理技术中，近年发展起来的生物质烘焙技术在提高生物质储运特性和改善能源品质等方面都有卓越的成效，受到广泛关注。

国内外学者研究发现，烘焙预处理可去除生物质中的水分，防止再次复吸水，还可以改善生物质的可磨性和物化结构，使生物质内部较易分解的半纤维素发生热分解，有效提高能量密度。因此，生物质烘焙成为生物质预处理技术的重要发展方向之一，具有很好的应用前景。但是鉴于烘焙处理后生物质所具有的特殊性质，目前对烘焙玉米秸秆燃烧特性的研究较少，尤其是在烘焙玉米秸秆燃烧过程中含氧官能团演化特性研究基本没有相关报道，因此，对烘焙玉米秸秆燃烧过程中含氧官能团演化特性研究有现实的必要性。

1.2 国内外研究现状

1.2.1 生物质烘焙研究

我国生物质在能源消耗中占有举足轻重的地位，是仅次于煤的第二大能源，占全部能源消耗总量的20%。但长期以来，生物质能在我国商业用能结构中的比率极小，其主要是作为一次能源在农村利用，约占农村总能耗的70%左右。我国目前生物质能利用的主要方法是传统的炉灶直接燃烧，其转换效率仅为10%～20%左右，利用水平低，浪费严重，而且造成环境污染，人们一直在寻找充分、有效的利用生物质的新技术、新方法，多种生物质能利用技术也陆续被研究开发出来。近年发展起来的生物质烘焙技术是一项能够有效改善生物质储运特性和能源品质的低温热解技术，是生物质能源利用领域重要的研究和发展方向。

目前国内外对于生物质烘焙技术有一定的研究[45]。国内主要是华中科技大学、浙江大学等科研院校。研究主要集中在烘焙改善性能上，而对于烘焙生物质的燃烧特性研究较少。

Medic 等[28]对玉米秸秆烘焙过程进行研究，发现秸秆经烘焙后化学成分、质量和能量含量均有变化，高温下更为显著。O/C 比率从1.11下降到0.6，能量密度增加了约19%。然而，高质量损失抵消了能量密度的增益，使得总能量产率减少。含水率对能量密度、质量和能量产率均有显著影响，并普遍导致各参数的降低。此外，水分在较低的温度下的影响更为显著，如果原始生物量的水分含量由22%增加到44%，能量产率可降低10%。

Arias 等[30]研究了烘焙对木质生物质可磨性和反应活性的影响，发现经烘焙后生物质挥发分含量降低，氧含量减少，热值升高。并通过分析对比烘焙前后生物质不同粒径分布情况，发现原样中粒度分布在425μm以下的仅占有29%，经烘焙处理后生物质的可磨性得到了改善，颗粒进入较小粒度组分的比例大大增加。结果表明，240℃条件下烘焙30min，可在改善生物质的可磨性的同时，将热值产率损失降到最小。

Bergman 等[32]将烘焙运用于生物质致密化(造粒)技术，生产出高质量的生物微球，改善生物质的热转化经济性，用于现有燃煤发电厂的混燃。经烘焙后，体积密度为750~850kg/m^3，净发热量为19~22MJ/kg，能量密度为14~18.5GJ/m^3，与亚烟煤(16~17GJ/m^3)相当，明显高于软木锯末(7.8~10.5GJ/m^3)。同时吸水率和机械强度的测试，发现其吸水率降低可磨性增强。

郝宏蒙等[46]研究了烘焙对生物质吸水性的影响，发现农业废弃秸秆吸水性受表面孔隙结构和含氧官能团结构的影响。吸水性随着烘焙温度的变化而有所不同，260℃烘焙焦样吸水性最差。经烘焙后，生物质颗粒内含氧官能团大量减少，尤其是—OH、C ═O 的减少明显降低其吸水性。

朱波等[47]通过热重红外联用对秸秆进行烘焙，发现温度低于230℃烘焙时，仅发生脱水反应并未出现明显的失重，固体产率在温度达到260~290℃时出现明显降低。秸秆烘焙过程主要是半纤维素的分解，并伴有木质素的裂解。气体产物主要为 H_2O、CO_2 及少量碳氧化合物。

王贵军[48]通过分析对比烘焙后生物质不同粒径分布情况，发现原始小麦秆和棉花秆研磨后约80%颗粒粒径大于450μm，10%左右小于150μm；经烘焙后，200℃烘焙焦样粒径大于450μm 不到70%，小于150μm 将近20%；250℃烘焙焦样粒径大于450μm 减少至30%以下，小于150μm 超过40%；300℃情况与250℃类似。对于稻秆和油菜秆也出现相似的变化情况。并得出结论，生物质在200~250℃下烘焙能够改善自身可磨性。

陈应泉等[49]研究了生物质烘焙特性及产物能源特性影响，发现烘焙后农业秸秆表观体积明显缩小，粒度分布更加均一化，可磨性能得到显著提升；固体含氧官能团数量减少，同时固定碳含量显著提升，氧含量明显降低，发热量明显提高；然而烘焙后质量产率和能量产率均有所降低，但能量产率始终优于质量产率。烘焙有利于秸秆能源特性的提高和物化特性的改善，对提高生物质品质有积极的作用。

Phanphanich 等[50]以林业废弃物为研究对象，研究烘焙对生物质可磨性和燃料特性的影响，他们发现生物质经烘焙后热值明显提高，生物质组分和元素组成也发生了改变；烘焙还可以改善其可磨性，未经处理的木材的磨削比能非常高(237kW·h/t)，随着烘焙温度的升高，磨削比能耗显著降低，粉碎能耗由原样的237kW·h/t 降为23~78kW·h/t，二者之间呈线性相关(R^2>0.9)，这已经接近烟煤的粉碎能耗水平，而且烘焙样品粉碎后的粒径分布相比原样的粉碎结果更加均匀，而这对生物质的气化、燃烧以及与煤的混合利用都有积极作用。而且他们还发现随烘焙温度升高，木屑中的H、O元素明显减少，而C元素逐渐增加，热值也从18.46MJ/kg增加到300℃的25MJ/kg，显示出与褐煤的相似特性。然而，在考虑热值提高的同时，也要考虑系统的能量产出，而烘焙温度越高能量产率越低。

邓剑等[51]的研究结果表明，稻秆烘焙产物以固体剩余物和不凝结气体为主，还有少量可凝结液体(水分和焦油)。气体产物中CO_2所占比例超过80%，其次为CO和微量CH_4。预处理温度越高，固体剩余物越少、气体产物越多，可凝结性液体变化不大。稻秆烘焙过程的能量产率为40%~60%，随着温度的升高会经历急剧下降和缓慢降低两个阶段。固体剩余物的可磨性相比原始稻秆有了很大的提高，易于制细粉用于气流床气化。烘焙温度升高，所得固体产物气化反应性提高。根据Coats-Redfern法确定烘焙稻秆焦-CO_2气化反应机理符合二维扩散模型，求得反应活化能73~88kJ/mol。

车庆丰等[52]人对棉秆在管式炉上进行不同温度(200℃、250℃、300℃)烘焙，然后在550℃下进行快速热解试验。随着烘焙温度的升高，气体产物中CO含量由51%逐渐减少到34%；烘焙后，热解油中酮类含量大幅减少，其中主要产物为芳香烃，其含量随烘焙温度的升高先增大后减少；烘焙缓解催化热解过程中积炭的生成，300℃烘焙后的积炭量最少，仅为原样的46%。

陈青等[53]的试验结果表明：烘焙过程使生物质水含量降低、木质纤维结构得到一定破坏，有利于原料的大规模存储、运输和其他后续处理；烘焙固体产物能量密度提高、O/C比降低、具有多孔结构，有利于改善合成气品质和提升气化炉的冷煤气效率；不可凝烘焙气中可燃气体约占50%，有效利用可节省能耗、提高效率。因此，相比于其他预处理方式，烘焙技术利用于气化工艺极具潜力，应用前景良好。

江洋等[54]在管式炉中对木屑进行烘焙，对其产物进行热解和催化热解研究。考察了不同温度下烘焙挥发物析出特性以及烘焙预处理对生物质热解的影响，重点比较了烘焙后乙酸、愈创木酚类和芳烃催化热解产率的变化规律。结果表明，烘焙温度为250℃时，在HZSM-5催化剂作用下能有效改善热解产物的选择性，甲苯和二甲苯产率达到未烘焙生物质的近2倍，而乙酸和大部分愈创木酚类产物的产率较原生物质催化热解产率有明显降低。

余心之等[55]以纤维素为原料，采用小型烘焙脱氧实验装置、热重分析仪(TGA)和热裂解色谱质谱联用仪(Py-GC/MS)研究了烘焙脱氧温度(200℃、250℃和280℃)对纤维素燃料品质和热解特性的影响，并采用分布式活化能模型

(DAEM)计算了烘焙前后纤维素的热解活化能。结果表明，烘焙脱氧预处理降低了纤维素的氧元素和挥发分含量，减弱了纤维素的热稳定性，增大了碳元素和固定碳含量，提高了纤维素热值。烘焙先后纤维素的热解活化能没有发生较大的改变，然而烘焙后的纤维素在热解过程中容易发生交联反应而最终形成焦炭，并在快速热解中容易生成较多的左旋葡聚糖、糠醛和小分子物质。烘焙脱氧预处理改善了纤维素热解产物品质，有助于生物质的热解利用。

朱波等[56]的实验结果表明：烘焙后生物质的 C 含量明显提高，O 含量有效降低，能量密度提高；产物红外分析中的含氧官能团含量减少，半纤维素形成一系列的酸、醇等物质及 CO，CO_2 等气体，烘焙产物热重燃烧特性实验证明烘焙提升了生物质燃烧性能，使得其着火点降低，更易燃烧，同时放热量也明显提高。因此，烘焙预处理对提高农业秸秆品质有良好的作用。

凌云逸等[57]的研究建立了包括质量产率、能量产率、高热值、氧碳比、含水量、研磨能耗等 6 项参数在内的综合评价指标和标准，研究了草芦、秸秆、松木屑、锯末、柳树木屑等生物质原料的烘焙预处理方式。研究发现：松木屑、锯末、秸秆的理想烘焙条件为：烘焙时间 0.5h，烘焙温度依次为 250～275℃、250℃、230～250℃；柳树木屑的理想烘焙条件为：烘焙时间 1h、烘焙温度 230℃。草芦在各烘焙条件下均无法达到标准水平。

赵辉等[58]为考查生物质在烘焙预处理过程中的能量产率和颗粒研磨变化规律及对气流床气化总体效率的影响情况，在一套小型烘焙试验台上，对 4 种不同种类的生物质进行烘焙试验，并对固体产物研磨后进行粒径分析，最后通过小型生物质气流床进行气化试验。结果表明：生物质的能量密度随着烘焙温度的提高而升高，其中，中温烘焙(约 250℃)能获得较好的固体和能量产率，减少能量损失；烘焙温度是烘焙过程中最重要的影响因素；烘焙可减少生物质研磨时的电耗，使其易磨；气流床气化试验中，烘焙生物质能够改善煤气成分，提高气化的总体效率。总之，在生物质气流床气化过程中，烘焙预处理能为生物质的粒径减小和随后的大规模利用提供一个良好的解决途径。

龚春晓[59]以松木屑为原料，研究不同粉碎预处理方式(球磨粉碎和锤磨粉碎)、不同烘焙温度(230℃、260℃、290℃)与烘焙时间(30min、60min)对松木屑烘焙过程的影响分析烘焙前后的松木屑的物理及化学特性。其研究发现：烘焙过程可提高松木屑中元素 C 的含量，降低元素 H 和 O 的含量；相同的烘焙条件下，球磨松木屑的元素 C 和固定碳含量、高位热值比锤磨松木屑高，元素 H 和 O 含量、质量产率和能量产率比锤磨松木屑低。经过烘焙，锤磨松木屑的高位热值从最初的20.31MJ/kg增大到23.94MJ/kg(290℃，60min)，而球磨松木屑的高位热值从19.78MJ/kg提高到26.02MJ/kg(290℃，60min)。球磨与烘焙组合作为生物质的预处理方法可显著提高高位热值，并具有作为生物燃料替代燃料煤的潜力。球磨将细胞壁结构破坏成不规则且极其微小的颗粒，破坏纤维素的晶体结构，降低了半纤维素、纤维素和木质素的热稳定性，使热降解温度降低。

Prins等[60]以木屑为研究对象，通过对循环流化床和气流床这两种实验系统进行评价，前者的运行温度为950℃，空气为气化介质，后者运行温度为1200℃，氧气为气化介质，发现如果将烘焙过程中产生的气体产物用于后续的气化反应，系统效率可以由原来的68.6%提高到72.6%，可见烘焙作为一种预处理手段，可以明显提高气化系统的效率。

陈登宇[61]的研究发现，随着烘焙温度的提高，挥发分含量逐渐减少，而灰分和固定碳含量大幅上升。硫元素和氮元素在烘焙中基本保持不变，氢元素含量少许下降，碳元素含量逐渐升高，氧元素含量大量减少。能量得率与固体得率具有相似的变化趋势，均随着烘焙温度的升高和烘焙时间的增加而降低。半纤维素在烘焙中大量分解，纤维素含量变化不大，而木质素的含量大幅上升。TG-FTIR分析表明，半纤维素的大量分解是稻壳理化特性变化的主要原因。随着一些含氧官能团的断裂和脱出，固体产物的有机官能团逐渐简化；液体产物含有大量的水分和少量的乙酸；烘焙气体产物由CO_2和CO组成。稻壳经中高温烘焙(260℃和290℃)后，半纤维素大量分解，热解失重肩峰消失。随着烘焙温度的升高，生物油中水分明显减少、热值逐渐增加，酸性也有不同程度的降低。这有助于生物油的储存和高值化利用。烘焙过程促进了不可冷凝气和焦炭的生成，在中低温(小于260℃)烘焙时，液体(生物油和烘焙液)仍然是主要产物，而在高温(290℃)烘焙时，不可冷凝气是主要产物。Py-GC/MC表明，烘焙对快速热解产物种类没有影响，但提高了木质素热解产物中酚类物质的含量。

郝宏蒙[62]对棉秆、玉米秆颗粒进行了不同温度200℃、230℃、260℃、290℃烘焙，并采用傅里叶拉曼红外光谱分析仪、自动吸附仪等研究了烘焙生物质的理化结果的演变特性，研究发现，烘焙使得大量含氧有机官能团的脱落，有机官能团组成向简单化发展；而且孔结构也发生了很大的变化，表面经历了从松散到致密再到开裂的变化过程。并对烘焙生物质的热解特性及产物分布特性进行了详细分析，发现随着烘焙预处理温度的提高，热解焦炭产率逐渐增大，烘焙有利于热解焦炭的比表面积的增大。但是在260℃以前，玉米秆热解的气体产率出现略微上升，可能是碱金属催化作用造成的，气体产物中一氧化碳的含量表现出下降的趋势，而甲烷和氢气含量分别由于甲氧基的富集和苯环脱氢反应的加剧而明显增加。烘焙虽使得生物油的产率降低，但生物油中乙酸和水分的含量明显减小，这有利于生物油的稳定性以及后续利用成本的降低。

肖黎[63]通过三套烘焙实验系统，研究了温度(低温200℃、中温250℃和高温300℃)对两种典型生物质(稻草和松木锯末)常压、气压和机械压烘焙产物分布、C分布、O分布、半焦特性及能量损失等方面的影响。结果发现，在相同的温度下，气压烘焙的半焦产率较低，但对生物质的提质效果远强于其他两种方法，分析原因是生物质在气压烘焙时发生了液化和气化反应，从而促进了生物质的热分解及提质效果。中温气压烘焙是最佳的烘焙预处理方法，体现在：虽然两种生物质烘焙半焦的碳基收率仅为60%~65%，但其碳含量高达65%~68%，氧含量仅为25%~29%。生物质原料的氧碳比和氢碳比分别由0.65~0.69和1.28~1.42减至0.27~0.33和0.92~1.00，高位发热量由15.9~17.7MJ/kg提升至24.7~26.2MJ/kg，而能量损失仅为29%~30%，烘焙半焦燃料品质与褐煤相当。

刘汝杰[64]考察了烘焙气氛，烘焙装置以及烘焙对生物质燃烧特性的影响。在立式炉反应装置内进行了不同温度，不同氧气浓度下的烘焙实验，讨论了不同工况对于产率的影响，发现麦秆有氧烘焙的最佳氧气耐受浓度为6%，最佳温度为260℃。发现回转窑烘焙以260℃为宜，烘焙有利于生物质平衡吸水性和粉碎能耗的降低，柏木在烟气气氛下烘焙后，平衡吸水率下降15.1%，粉碎能耗下降了18.8%。烘焙过程中氧气的加入使得后续燃烧过程中，挥发分燃烧峰和固定碳燃烧峰出现明显分离，燃烧过程缩短，燃尽温度和活化能显著下降，均低于褐煤和烟煤。在260℃烘焙后，样品燃烧效率增加，NO_x和SO_2并未出现大幅上升。

刘卫山[65]的研究表明氮气气氛下，提高烘焙温度使玉米秸秆烘焙炭中H/C和O/C比率下降，质量产率、能量产率相应减少，但热值明显增大。空气气氛下质量产率、能量产率和热值均减小。并采用氮吸附脱附测试、扫描电镜(SEM)成像和傅里叶红外光谱(FTIR)分析等表征方法从微观角度对烘焙炭的孔径分布及官能团演化过程进行了详细研究。其结果表明，氮气气氛下烘焙产物的孔隙率较低，比表面积和孔容积较小。由于空气气氛条件下氧气的存在加速了有机组分的分解，促进了烘焙产物孔隙结构的发育，与氮气气氛下所得烘焙炭相比，同温所制备烘焙炭比表面积和孔容积显著增加；玉米秸秆内的含水率高在一定程度上促进孔隙的发展，比表面积增加，小孔径孔隙增加。除此之外，由红外光谱可知空气气氛下烘焙的产物含有丰富的含氧官能团，如羧基、羟基，内酯基等。

生物质主要由半纤维素、纤维素和木质素组成，Chen 等[66]研究了半纤维素、纤维素等模型化合物的烘焙，发现烘焙过程中半纤维素易于分解，纤维素在低温烘焙时失重不明显。Prins 等[67]采用等温热重研究了柳木、白桦树等的热失重情况，研究发现生物质的烘焙可以分为两个阶段，第一个阶段失重速度较快，而第二个阶段失重速度较缓慢，他们认为分别主要由半纤维素的热解和纤维素的解聚引起的。这主要因为半纤维素有明显的无定性结构，其分子的支链极不稳定，受热易发生分解；而纤维素结构规整在低温下较难于热降解。并利用热重以及半工业化的实验平台进行了燃烧特性的研究，发现烘焙样品燃烧时排放的烟气量相比于原样的燃烧有了明显的降低。

1.2.2 含氧官能团的研究

国内外关于生物质官能团的演化研究，大多数仍集中在木材的腐烂、风化、化学及加热处理上，很少有关于烘焙生物质燃烧的报道。一般而言，木质纤维素一类生物质主要有三种聚合体纤维素、半纤维素和木质素，还有少量的灰分和提取物，所包含元素以碳、氢、氧为主。生物质中的氧主要存在于羟基(—OH)、醚键(—O—)、羰基(—C ═O—)、羧基(—COOH)等官能团中；碳主要存于芳香环和—C—C—组成的固定碳中；硫主要以硫铁矿的形式存在，有机硫含量甚微；氮等其他元素含量很少。

样品官能团的种类和分布信息，通常会以化学分析与仪器分析相结合的形式获取。采用的仪器分析法主要有：傅里叶变换红外光谱(FTIR)、傅里叶变换拉曼光谱(FT-Raman)和 X 射线衍射(XRD)光谱分析和 X 射线光电子能谱(XPS)。核磁共振氢谱(H-NMR)和碳谱(^{13}C-NMR)通常用来验证试样中含氧官能团如羟基、羧基、羰基、醚氧基等的存在并确定其相对比例。而 XPS 和 FT-IR(ATR)可以有效地表征燃料分子表面的结构特征，并以其测量方法简单、对样品污染小等优点为研究者所青睐。

1. 红外光谱分析法

红外光谱学是光谱学中研究电磁光谱红外部分的分支，可以被用来鉴别一种化合物和研究样品的成分。由于红外光谱具有鲜明的特征性，其谱带的数目、位置、形状和强度都随化合物不同而各不相同，因而具有高度的特征性，不但可以用来研究分子的结构和化学键，如力常数的测定等，而且广泛地用于表征和鉴别各种化学物种，成为定性鉴定和结构分析的有力工具[68]。其优点是特征性强、测定快速、不破坏试样、试样用量少、操作简便，可在一定程度上为定量分析提供参考。

近些年，国内外研究人员通过仪器设备，利用红外光谱分析法对不同生物质材料表面官能团及其在不同处理过程中的演化现象进行更深一步科学研究，得出不同处理方式下生物质表面结构变化的机理。为生物质热解调控、提高燃烧效率以及副产品的加工转化等提供理论依据。

鄂爽等[69]在研究谷子秸秆热解特性时，结合红外光谱分析观察到，位于1730cm^{-1}处表征C ═O吸收峰最先消失，在低温阶段纤维素脱羧基反应造成C ═O键的断裂，释放出CO_2。当温度超过395℃时，高分子聚合物分解成小分子并产生甲烷气体。为生物质燃烧反应器提供设计依据。

Chinkap等[70]分析对比精炼前后ATR-FTIR图谱，获得棉织物表面化学结构变化的特点。由2800~3000cm^{-1}区域内C—H伸缩振动峰强度预估棉织物表面剩余蜡的含量，并对比了由HCl蒸气处理后棉织物的谱图，从吸收峰强弱的变化中获取棉织物纤维表面共生物的去除情况，间接达到对于精炼效果的测评和控制的目的。

Colom等[71]在研究木材光降解过程中的结构变化时，借助FT-IR光谱分析发现硬木中含有大量的甲氧基(1600cm^{-1})，而软木并没有。硬木样品中1510cm^{-1}处吸收峰强度与1595cm^{-1}处接近，而在软木样品中前者要强于后者。这是由于紫丁香基与愈创木基单元(反式松香醇)的差异所致。光照降解过程中，愈创木基单元变化较紫丁香基显得要灵敏。而位于1740cm^{-1}处，乙酰或羧酸的C ═O伸缩振动峰增强，表明源于木质素的乙酰或羧酸经光照后增加。

Nuopponen等[72]在软木热处理后风化过程的研究中，通过FT-IR光谱分析发现位于1743cm^{-1}处源于半乳糖甘露聚糖乙酰基的C ═O伸缩振动，表明风化过程中乙酰基断裂。源于烯烃、芳香羰基和不饱和环结构中C—H键，在风化过程中要比其他结构稳定。并且分析出风化后表面积累了少量的非饱和结构，推测是由于木质素降解产物被淋滤掉，多糖的表面含量增加所致。

Pandey等[73]用紫外线对木材样品照射处理，分析对比前后红外光谱的变化。红外光谱结果分析表明，辐照改变了木材表面的化学结构。变化主要发生在木质素中，表现为木质素所有特征峰强度显著降低，尤其是1506cm^{-1}处，照射约50h后几乎消失。木材的光降解速率可以从木质素的衰变速率和羰基的生成速率来计算，即使是在较短的暴露时间内，木材的光降解速率也是非常高的。木质素的降解速率在橡胶原木中比在松树中要高，但由于辐照作用而产生的羰基的速率松木(一种软木材)要比橡胶原木(一种硬木)高得多。

Temiz 等[74]为研究加速风化对改性木材表面化学的影响，分析木材样品风化前后 ATR-FTIR 光谱图变化结果显示，在 1508cm^{-1}(木质素的特征峰)处的吸收峰强度经亚麻籽和高油处理比其他处理和对照组降低得少。木质素衍生物羰基由于水雾对解聚产物的淋滤作用而从木材表面被去除，纤维素聚合物并未受风化的影响。

Lei 等[75]曾用 ATR-FTIR 分析方法对不同烘焙温度与时长的麦秆进行研究，发现纤维素结构成分非常稳定，其—OH 键伸缩振动峰(670cm^{-1})只有在较高的烘焙温度下(270~300℃)才急剧减少。随着烘焙温度升高，高分子的解聚合作用使得位于纤维素与半纤维素内用于连接的 C—O—C(1160cm^{-1})糖苷键不断减少，最终在 300℃消失。半纤维素中—COOH(1730cm^{-1}，1732cm^{-1})官能团，从 250~300℃不断减少直至消失，达到 300℃时麦秆中的半纤维素已经全部分解，揭示了烘焙能改善生物质可磨性的机理。

Faix[76]曾借助红外光谱对不同植物中木质素进行了分类，光谱 O—H/C—H 与指纹区域基线是在 2750~3750cm^{-1}、780~1860cm^{-1}内完成线性矫正的。通过分析基线校正后归一化光谱，发现木质素主要分为三类：①G 型，②GS 型，③HGS型。GS 类型光谱构成一个连续体，但它们可以进一步被细分为四组。

2. XPS 分析法

X 射线光电子能谱技术也被称作用于化学分析的电子能谱，属表面分析法，它可以给出固体样品表面所含的元素种类、化学组成以及有关的电子结构重要信息，在各种固体材料的基础研究和实际应用中起着重要的作用[77]。在能源领域通过 XPS 可以确定高分子化合物中原子价态、成键以及杂原子组分，已成为一种简捷实用的方法被成功地应用于生物质表面官能团的变化和迁移规律的研究。但 XPS 也存在许多不足，如一些峰位一时无法分辨与确认，降低了其实用性。

何建新等[78]利用 XPS 研究竹浆粕在制备过程中表面化学成分的变化，结果表明竹浆表面抽取物与木质素的含量较高，终漂后前者表面覆盖率要明显比后者多。O/C 比值随着漂白过程在逐步增加。通过 C1s 峰 C_1~C_4 的面积分析得出，H_2O_2 处理的竹浆表面抽提物含量上升，从而最终确定竹浆在漂白各阶段表面化学成分的变化特征。

房江育等[79]对茶树叶与树根表面化学成分研究时，借助 XPS 光谱 C1s 分峰拟合分析发现，相比于茶叶，茶根中含氧基团要多而角质与蜡质的含量要相对少一些；茶树根除了含有与叶表面相同的角质、蜡质、纤维素和蛋白质之外，还可能有有机金属，其根部分泌物有机酸则游离于根表面。

Hua 等[80]运用 ESCA(XPS)对爆破浆表面分析研究，根据木材纤维主要成分(即，碳水化合物、木质素和萃取物)的理论 O/C 比值和 C_1 含量，结合相应官能团以三角形三边表示三种成分的分析方法对其分析。结果表明，爆破浆纤维表面暴露的碳水化合物较多，说明爆破浆具有较高的物理强度。

Nzokou 等[81]对不同溶液萃取红栎、黑樱桃、红松表面进行研究时，通过对 XPS 光谱 C1s 与 O1s 谱分析得出，萃取除去部分高碳含量萃取物致使 O/C 比值变大，表征木质素与萃取物的 C_1 峰面积减小。同时 C_2 峰升高(主要来源于纤维素和半纤维素)，说明萃取后木材表面的纤维素含量增加。进一步结合 O1s 谱分析含氧官能团含量的变化发现，抽提物含量低的木材品种比抽提物含量高的木材更容易受潮，在外形结构上也更不稳定。

Kocaefe 等[82]利用 XPS 对人工风化过程中热处理过的北美木材树种(短叶松、桦树和白杨)表面化学降解进行定量表征，通过分析相应官能团含量及 O/C 比值的变化得出，热处理后木材表面木质素(芳香环)含量随着风化作用的降低而降低，碳水化合物含量随之增加。导致表面纤维素含量高，木质素含量低。由于风化作用，木质表面酸性随着风化时间的增加而增强。风化过程中酸性的增加原因可能有三个：①经热处理后木质素含量增加，而半纤维素含量减少。由于羧酸功能的降低主要表现在半纤维素中，因此热处理木材的酸性降低。②半纤维素高温下会降解的特性在风化过程中保持不变，且风化引起的木材成分变化比热处理引起的木材成分变化更为显著。③相比于热处理温度，木材种类对风化过程化学成分的影响更大。热处理后的短叶松受风化影响最大，其次是白杨和桦树。这与软木和硬木中木质素含量和结构的差异有关。

Salaita 等[83]利用 X 射线光电子能谱(XPS)对南方黄松木材样品在不同溶液中预处理后的风化行为进行了研究。通过分析 C1s 和 O1s 谱，结果表明由于风化作用存于最表层的木质素和纤维素因在紫外线照射下发生键断裂部分被氧化，致使表面含氧量增加。被氧化的部分形成了一层表面层，在不溶于水的情况下，可以保护木材不被进一步降解。如果它们能溶于水，或被雨水冲走，就能很快地风化降解。CCA 处理、PEG PLUSE 处理和复方 20M 处理在抵御风化过程中有效，而单水处理和 WR 处理效果不佳。

1.3 本书的研究内容及方案

本书主要利用 FTIR、XPS 对烘焙的玉米秸秆表面含氧官能团的赋存状态及燃烧过程中的含氧官能团的演化特性进行进一步的研究，对反应前后表面含氧官能团的变化做定性及定量的分析。研究烘焙的玉米秸秆组成结构用以探究其燃烧过程中反应机制和含氧官能团变化规律，再从微观层面上考察烘焙玉米秸秆燃烧过程中产生的物质组成及化学结构方面的变化，从而揭示了对其燃烧反应机理等方面的影响。

本书采取理论研究与实验研究相结合的研究方法。具体内容如下：

① 选取玉米秸秆，对玉米秸秆进行基础特性分析，主要包括工业分析、元素分析和发热量的测量，得出各个样品的基础实验数据。然后进行烘焙制备实验，并对玉米秸秆烘焙焦样进行相同的基础特性分析。

② 使用热重分析仪(TGA-FTIR)对烘焙的玉米秸秆进行热重燃烧实验，测得其失重及失重速率，获得烘焙对玉米秸秆燃烧过程的 TG-DTG/DSC 曲线、着火温度、燃尽温度等基础信息。

③ 对热重实验结果进行分析，利用 TG 和 DTG 数据进行燃烧热力学计算，获得燃烧活化能。并计算出相应的燃烧特征指数。根据不同升温速率下的燃烧特征指数以及着火、燃尽温度，选择适当的升温速率及表征燃烧过程的特征温度点。再依据不同的燃烧终温，于管式炉中制备不同燃尽度的试样。

④ 利用傅里叶变换红外光谱仪对不同燃尽度的试样进行分析，得到其表面含氧官能团的变化情况，对其表面含氧官能团在燃烧过程中的演化特性进行定性分析。

⑤ 利用 X 射线光电子能谱对不同燃尽程度的试样进行定量分析。

⑥ 结合实验数据，分析烘焙玉米秸秆在燃烧过程中的含氧官能团的变化，测出其中主要含氧官能团，如羧基、羟基、羰基等基团的含量变化，进一步揭示含氧官能团的变化趋势及迁移规律。

第2章

生物质燃烧特性及动力学分析

生物质能是仅次于煤、石油、天然气而居于世界能源消费总量第四位的能源。生物质优点突出，但是作为一种新能源利用方式，也具有一定的局限性。生物质的化学结构更多的属于碳水化合物，可燃性元素 C、H 含量较化石能源低得多，并且氧元素含量较高，能量密度偏低，以生物体形式出现的生物质含水率高达 90%；另外，受季节性影响较大，分布较为分散，不利于生物质的储存、运输以及后续利用[84]。因此，现在生物质利用前都要经过预处理以提高其利用效率。目前，国内外已有的生物质利用技术，生物质能的转化利用方法大体分为物理转变、热化学转化和生化转化方式。而生物质的物理转化方法主要是指生物质固化成型技术[85]。

生物质炭化成型技术主要是将大量弃之不用的农林生物质进行回收并经过热解炭化成型工艺加工制成具有能量集中、便于运输和储存的生物质炭成型燃料。生物质固化成型技术，是指在外力作用下，将松散无序的粉碎原料压缩成具有一定形状和密度的成型燃料。生物质在固化成型过程中，克服摩擦力及弹塑性变形做功，颗粒表面能转化为内能储存在成型燃料中，使得成型燃料的能量密度增加。因此，生物质固化成型技术有效解决了生物质原料结构松散、能量密度低以及运输存储困难等问题；而且处理和存储的标准化提高了生物质原料的利用效率，更利于生物质的高值化利用[86]。目前，生物质成型燃料已广泛应用于气化、热解、直燃以及与煤混燃[87,88]，其作为生物质能源利用的基础，已在国内形成具有一定规模的产业链。鉴于成型燃料的优点，因此本研究中所采用的样品为固化成型生物质。

通过热重分析(TG：Thermal Gravity Analysis)来获取动力学参数是普遍采用的研究方法。在热分析技术中，热重法使用的最为广泛，它是在程序的控温下借助于热重分析仪测量物质的质量与温度关系的一种技术[89]。只要样品在受热时质量发生变化，就能用 TGA 来研究其变化的过程，具有试样用量少、速度快，并能在测量温度范围内研究原料受热后发生热反应的全过程等优点。在热重分析测定反应动力学的实验方法中，通常有等温法(也称静态法)和非等温法(也称动态法)。等温法是较早研究化学动力学时普遍采用的方法，缺点是比较费时，并且研究物质分解时，往往在升到一定的实验温度之前，物质已发生初步分解使得结果不很可靠。非等温法中，试样的温度随时间按线性变化，不同温度下的质量由热天平连续记录下来。而且，非等温法是从反应开始到结束整个温度范围内研究反应动力学，测得的一条热重曲线与不同温度下测得的多条等温失重曲线提供的数据是相同的，因此，与等温法相比，非等温法只需微量的实验样品，消除了样品间的误差和等温法样品升至一定温度过程中出现的误差[90]，节省了实验时间。所以，实验采用非等温法对气化特性进行研究。

部分学者在等速升温条件下进行了小麦秸秆、玉米秸秆[91]、锯末颗粒、刨花颗粒、稻壳颗粒和秸秆颗粒以及未加工的锯末和稻壳[92]、柠条[93]等生物质颗粒的热重分析和燃烧动力学的研究，并在此基础上建立了各种生物质燃烧动力学模型。范万宇等[94]采用热重分析对油茶壳、核桃壳、澳洲坚果壳进行了燃烧实验研究，考察了不同升温速率下 3 种果壳生物质的燃烧特性及动力学参数。结果表明：3 种果壳生物质燃烧特性不同，但燃烧特性参数均随升温速率升高而增大；随着升温速率的增加，着火点、燃尽温度、最大燃烧速率、平均燃烧速率及综合燃烧特性指数提高；当升温速率为 10℃/min 时，油茶壳、核桃壳、澳洲坚果壳综合燃烧特性指数分别为 0.56×10^{-7}、1.18×10^{-7}、0.88×10^{-7}；3 种果壳生物质的燃烧反应遵循一级反应动力学模型，相关系数(R^2) 均达 0.93 以上，低温阶段活化能为 30.40～52.41kJ/mol，高温阶段活化能为 18.49～40.62kJ/mol，低温阶段活化能均大于高温阶段。

在本章中，选择成型的玉米秸秆为实验原料，采用等速升温方法，进行了热重实验，运用实验数据，对热重曲线的基本特征、加热速率对等速升温热重曲线的影响，通过 Coats-Redfern 法、Flynn-Wall-Ozawa 法和 Friedman 法进行了燃烧过程动力学分析，计算出了不同升温速率下的活化能 E，并通过 Popescu 法对机理函数 $G(\alpha)$进行了求解。

2.1　实验样品及基础物化特性

2.1.1　实验样品

实验所用样品为成型的玉米秸秆，取自吉林当地。参照固体生物质燃料样品制备方法 GB/T 28730—2012 进行玉米秸秆样品制备。首先，将成型玉米秸秆破碎，使其变成片状。然后利用磨煤机进一步研磨样品，经缩分制得粒径≤0.074mm(200 目)的样品。最后，样品放入干燥箱，在温度为 40℃条件下进行干燥处理，反复称量样品质量直至质量恒重。干燥结束后将样品密封，避光常温保存。

玉米秸秆的烘焙实验是在 OTL1200 管式炉内完成的。具体的流程为：首先将秸秆颗粒放入瓷舟并置于管式炉中央，而后以 10℃/min 的升温速率，由室温加热到 270℃(TC270)，到达设定温度后恒温 30min，全程通入流量为 1L/min 氮气直至管内温度到达室温停止，并取出样品。

玉米秸秆和烘焙后秸秆样品的工业分析、元素分析及发热量见表 2-1。

表 2-1　不同样品的工业分析与元素分析

样品	工业分析/%				低位发热量	元素分析/%				
	M_{ad}	V_{ad}	A_{ad}	FC_{ad}	$Q_{net,ar}$/(kJ/kg)	C_{ad}	H_{ad}	O_{ad}	N_{ad}	S_{ad}
玉米秸秆	2.04	75.8	5.67	16.49	17908.79	44.76	5.83	47.82	0.81	0.16
TC270	1.10	68.14	7.02	23.74	19591.62	49.45	5.29	42.72	0.96	0.12

从表 2-1 中可以看出玉米秸秆经烘焙后，挥发分含量减少，固定碳含量由原样中 FC_{ad}=16.49%增加到 FC_{ad}=23.74%，故而秸秆在烘焙后低位发热量增加。灰分含量基本保持不变(5.67%→7.02%)。元素分析结果表明，秸秆烘焙以后除 C_{ad} 和 N_{ad} 外其他元素都在减少。

2.1.2　实验设备

管式炉(图 2-1)采用瑞典 KANTHANL 作为加热元件，由电子程序自动控制温度，炉温可控范围：室温 ~1200 ℃，通过温度控制器可以将管式炉内的温度控制在设定温度(温度波动范围±5 ℃)。管式炉炉内加热区两端各有两个管堵，是用来对管式炉加热区隔热保温的。通入氮气并保持气体流量 1L/min。为防止由于样品堆积阻碍反应气体产物释放，每次实验样品质量为(3±0.5)g，为了减小实验误差，每次实验重复三次，数据取三次平均值。

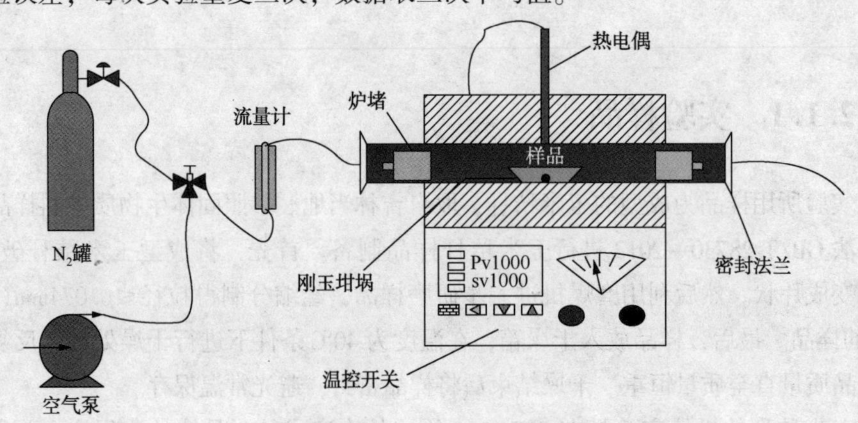

图 2-1　管式炉实验设备示意图

2.1.3　烘焙样品制备

每次实验前用高精度电子天平精确称取 0.074mm 以下样品(3±0.5)g 置于瓷舟送入管式炉中部；通过管式炉 PID 温度控制器设置实验终温 270℃，升温速率设为 10℃/min，且每个实验终温下恒温 30min；实验全程通入氮气，并保持正压环境；启动管式炉进行实验；实验结束直至管式炉温度降至室温取出试样。秸秆经烘焙后颜色由黄色变为褐色，如图 2-2 所示。

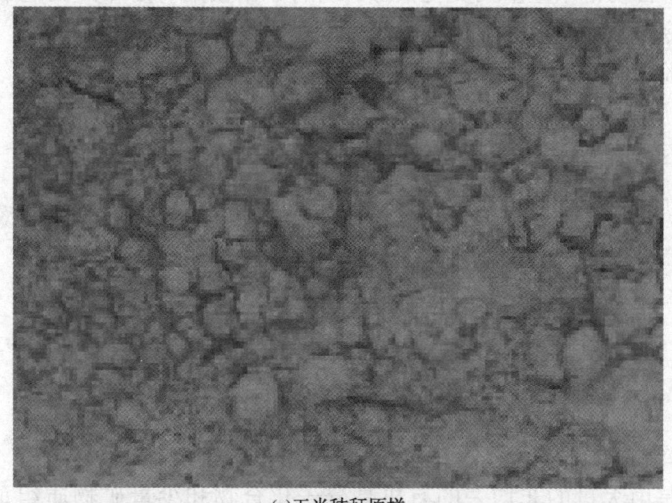

(a)玉米秸秆原样

(b)烘焙秸秆样品(TC270)

图 2-2　玉米秸秆烘焙前后对比

2.1.4 实验方法

实验采用瑞士 METTLER-TOLEDO 公司生产的 TGA/DSC1 型同步热分析仪。

试验开始时，打开热重天平对样品进行加热，加热过程通入流动性空气，以保证挥发分被空气流带走。物料在常压和一定的升温速率下进行等速升温热解试验，试验过程中，利用计算机程序设定升温速率和终温。根据研究需要，程序升温速率分别采用 5℃/min、10℃/min、20℃/min、30℃/min、40℃/min；50℃/min。试验中，热重天平自动记录重量的变化信号，所有原始数据均由计算机记录。试验完成后，待仪器冷却至室温后，取出样品观察。

热重实验条件设置如下：

① 样品质量：(3±0.5)mg；

② 温度范围：50~900℃；

③ 气体流量：50mL/min。

2.2 结果分析

生物质是由大量的非均一的有机高分子化合物和少量矿物质组成的高聚物，其热分解是一种非常复杂的物理化学过程。就化学动力学来说，由于构成材料的组分多种多样，在热解过程中可能发生的反应也就非常复杂。但就其本质而言，热解现象主要源于高温下生物质中有机大分子或大分子间相继发生的一系列化学变化。本节主要是通过对 TG 曲线和 DTG 曲线的分析来了解生物质试样的热解特性并建立热解反应动力学模型，热重分析(TG)是在程序控制温度下通过热天平测量物质的质量与温度关系的一种分析方法，由热重分析测得的记录曲线称为热重曲线(TG 曲线)。微商热重分析(DTG)就是将热重曲线对时间或温度进行一阶微分的分析方法，由微商热重分析得到的记录线称为微商热重曲线(DTG 曲线)。因此首先对这两种曲线的术语作以简单介绍，图 2-3 即为典型的 TG-DTG 曲线。

① TG 曲线：记录试样重量变化与温度关系的一条曲线。

② DTG 曲线：TG 曲线对温度变化的一阶导数，TG 曲线的一个台阶对应 DTG 曲线上的一个峰。DTG 曲线的峰顶对应于最大重量变化速度。

③基线：试样未发生失重前的一条直线，理论上为沿着起始位置 a 与 T 轴平行的一条直线 ab 段。实际上可能逐渐偏离设定位置，称为基线漂移。

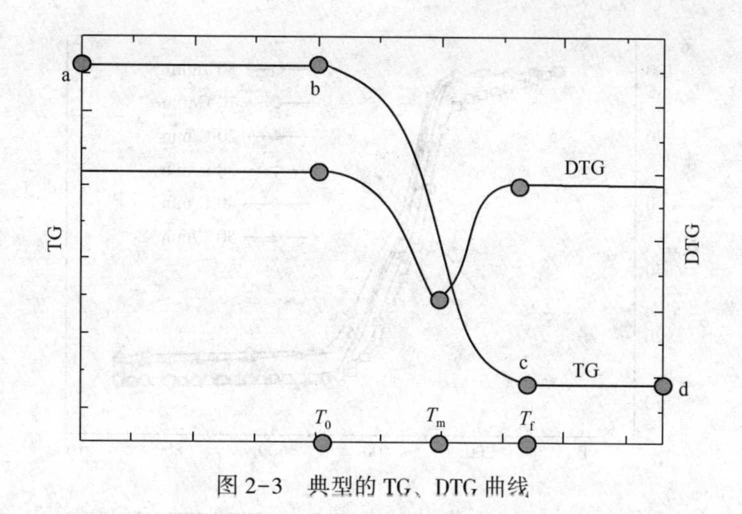

图 2-3　典型的 TG、DTG 曲线

④ 平台：试样热反应结束后，重量基本保持不变的区段，为图中的 cd 段。

⑤ 起始温度 T_0：试样重量变化积累至热重天平可以测出时的温度，认为是热反应开始的温度，如图中 b 点对应的温度。

⑥ 终止温度 T_f：试样重量变化积累到最大值时的温度，认为是热反应结束时的温度，如图中 c 点对应的温度。

⑦ 反应区间：T_f与 T_0之间的区间，即 T_f-T_0，认为是热反应区间。

⑧ 最大反应速率温度 T_m：试样出现最大重量变化速度时的温度，对应于 DTG 失重速率峰。

⑨台阶：试样的重量变化过程对应的区段，如图中的 bc 段。

2.2.1　烘焙秸秆的 TG-DTG 分析

图 2-4 给出了不同升温速率下烘焙玉米秸秆燃烧的 TG 与 DTG 曲线。对于烘焙后的玉米秸秆颗粒燃烧，在相应的 DTG 曲线上表现出不同的燃烧失重峰。燃烧反应开始阶段并没有失重峰，这主要是因为玉米秸秆在烘焙的过程中颗粒内水已经析出；随着温度的升高，烘焙玉米秸秆在 250 ~500℃有明显的失重过程，为颗粒的挥发分和固定碳着火燃烧阶段。烘焙玉米秸秆燃烧在不同的升温速率下燃烧规律未发生质变。随着升温速率的增加，DTG 曲线上的失重峰变宽，变高，说明升温速率越高，燃尽时间越短，燃烧变得越剧烈，最大失重速率也随之增加。但高升温速率下颗粒内外温度梯度增加，燃烧过程中传质与传热受阻，使得反应整体向高温区移动，燃尽温度提高，出现热滞后现象。

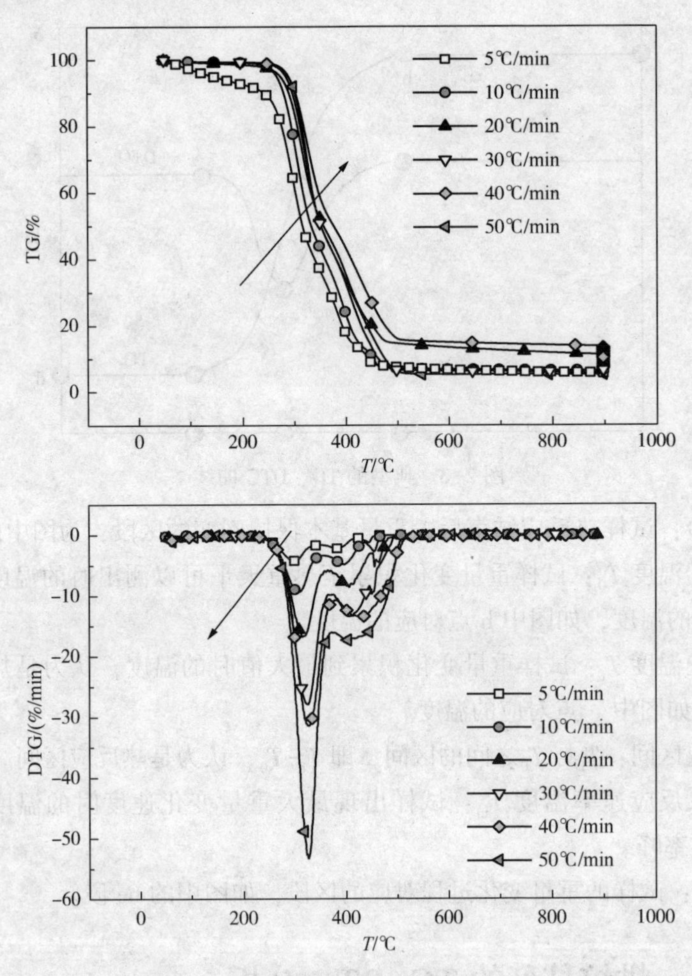

图 2-4　不同升温速率下烘焙玉米秸秆燃烧的 TG 与 DTG 曲线

随着燃烧反应的进行，DTG 曲线在不同升温速率下表现出不同的失重峰个数。升温速率在 30℃/min 以下时，有 3 个明显的失重峰且彼此相邻。第 1 个失重峰出现在 300℃左右，该峰的出现主要是烘焙秸秆中半纤维素热分解析出挥发分的燃烧所致，第 2 个失重峰出现在 400℃左右，是半纤维素前期热分解不完全的剩余部分与部分纤维素提前共同叠加热分解析出挥发分的燃烧过程，第 3 个失重峰出现在 450℃，该峰的出现主要是剩余纤维素与木质素析出挥发分的燃烧过程；当升温速率大于 30℃/min 时失重峰逐渐由 3 个减为为 2 个，升温速率达到 50℃/min 时，出现明显的肩峰。高升温速率下燃料颗粒内外温度梯度较大，烘焙秸秆传热、传质受阻，燃烧 DTG 曲线呈现出两峰状态。第 1 个失重峰出现在 325℃左右，主要是半纤维素与纤维素共同叠加热分解析出挥发分的燃烧过程。第 2 个失重峰出现在 425℃左右，主要是未分解完的纤维素与木质素的燃烧过程。

2.2.2　烘焙秸秆的DSC分析

TG和DTG曲线反映的只是质量随温度的变化，而不能了解整个过程中热量的变化趋势，因此需要对该过程进行差示扫描量热法(DSC)分析。

DSC的基本原理：差示扫描量热法(DSC)是在程序控制温度下，测量输给物质和参比物的功率差与温度关系的一种技术。

DSC和DTA仪器装置相似，所不同的是在试样和参比物容器下装有两组补偿加热丝，当试样在加热过程中由于热效应与参比物之间出现温差 ΔT 时，通过差热放大电路和差动热量补偿放大器，使流入补偿电热丝的电流发生变化，当试样吸热时，补偿放大器使试样一边的电流立即增大；反之，当试样放热时则使参比物一边的电流增大，直到两边热量平衡，温差 ΔT 消失为止。换句话说，试样在热反应时发生的热量变化，由于及时输入电功率而得到补偿，所以实际记录的是试样和参比物下面两只电热补偿的热功率之差随时间 t 的变化关系。如果升温速率恒定，记录的也就是热功率之差随温度 T 的变化关系。

图2-5给出了不同升温速率下烘焙玉米秸秆燃烧的DSC曲线，曲线上凸表示吸收热量，曲线下凹表示放出热量。200℃之前曲线稍有下降，这一段的热量变化主要用于烘焙样品的加热，并无明显失重发生，这与TG/DTG曲线结果相互印证。随着燃烧反应的进行，DSC曲线出现波动但整体表现为下凹放热状态，说明整个燃烧过程为放热反应。不同升温速率下，DSC曲线差异比较明显。升温速率大于30℃/min时，DSC曲线在整个燃烧区域内有且仅有一个放热峰，在30℃/min及以下曲线中出现不同程度的凸凹波动。

不同升温速率下的DSC曲线在200℃以后都逐渐下降，随后拐点的出现却在向高温侧移动。DSC曲线在升温速率为5℃/min、10℃/min时表现为三个明显的峰；20℃/min、30℃/min出现肩峰；40℃/min、50℃/min只有一个峰。在低的升温速率下(5℃/min、10℃/min)，先是烘焙秸秆中残留的半纤维素热解析出挥发分及燃烧释放热量，DSC曲线表现为下凹曲线，但由于前期热量释放不足以提供纤维素和木质热解所需要的热量，DSC曲线随后出现一段向上的凸起。紧随其后的是纤维素热解挥发分的析出及燃烧，DSC再次表现出下凹放热。同理，释放的这部分热量小于木质素碳化和燃烧所需，DSC曲线又一次上升，然而凸起峰面积要比第一个大得多，表明木质素热解燃烧所需热量要多于纤维素和半纤维素。随着升温速率的增加可以看到，各组分热解燃烧释放的热量足以满足自身热量的需求，因此在50℃/min DSC曲线上表现出一个大且宽的放热峰。

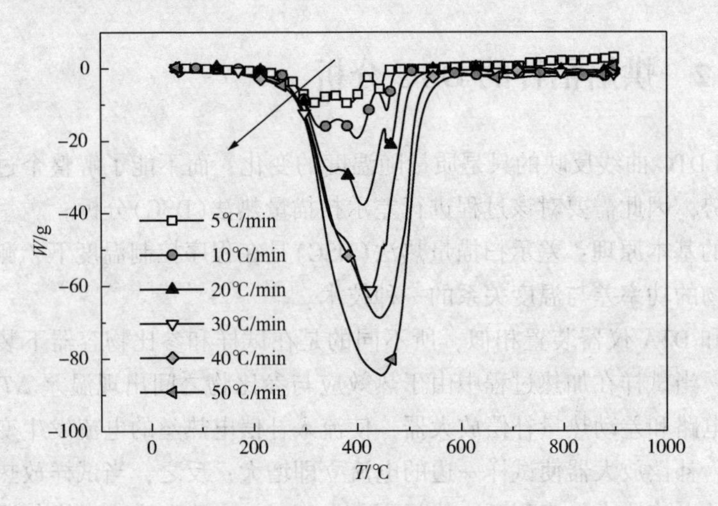

图 2-5　不同升温速率下烘焙玉米秸秆燃烧的 DSC 曲线

2.2.3　燃烧动力学模型

2.2.3.1　活化能和频率因子

活化能和频率因子是很重要的动力学参数，本实验利用热重曲线测定试样的活化能和频率因子。Arrhenius 于 1889 年根据 Vant Hoff 的分析，在实验基础上提出反应速度常数 k 与反应温度 T 之间的关系为：

$$k=A\times e^{-E/RT} \tag{2-1}$$

式中 A——指前因子；

E——活化能；

T——温度；

$R=8.314$kJ/(kmol · K)——通用气体常数。

根据分子运动理论，当气体浓度是 1mol/L 时，室温下每毫升、每秒内反应物分子可以发生约 10^{23}次碰撞。如果每次碰撞都会发生反应，则反应在 10^{-6}s 内即可完成。但事实并非如此。于是，Arrhenius 在式(2-1)的基础上提出假设，即：不是反应物分子的每一次碰撞都会发生反应，只有那些具有一定能量水平的分子之间进行碰撞分子才能发生反应，这种碰撞称之为有效碰撞。这些具有一定能量水平的、能发生反应的分子称为活化分子。

活化分子的能量较大，它们的平均能量比普通分子的平均能量的超出值称为反应的活化能，即破坏反应物分子的原子键，使其达到有效碰撞所必须的最小能量。不同物质的分子结构不同，反应所需的能量也不同。因此，对于指定的反应，活化能 E 是一个定值，基本上可以认为它与温度无关；而对不同反应，活化能是不同的。所以可以认为，活化能是物质的固有特性。

频率因子 A 是由碰撞理论中引申出来的一个概念，其意义可由碰撞理论解释，当温度升高时，有效碰撞频率显著增加，从而使反应速率常数 K 增加，最终使反应速率增加。

在化学反应中，化学反应速度取决于参加反应物质的浓度和反应速度常数两个因素。当浓度一定时，反应速度用反应速度常数 k 来表示。k 取决于反应温度 T 和活化能 E，即活化能是决定反应速度的主要因素之一。对于指定的反应，活化能越大，则在指定温度下具有这样大活化能的分子就越少，又必须具备有这样大活化能的分子才能发生反应，因此反应速度就比较慢了；反之，活化能越小，反应速度就越快[95]。

求解活化能的方法有很多种，从操作方式上可分为单个扫描速率法和多重扫描速率法两大类：单个扫描速率法是通过在同一扫描速率下，对反应测得的一条热分析曲线上的数据点进行动力学分析的方法。该方法通过对动力学方程进行各种重排和组合，最后得到不同形式的线性方程，然后通过所得直线的斜率就可以求得活化能 E。采用这种方法求取活化能，存在以下问题：首先，机理函数 $f(\alpha)$ 和活化能 E、指前因子 A 是耦合的，要求得 E，必须对机理函数 $f(\alpha)$ 进行假设。因此，机理函数选择的正确与否直接影响最终所得到的活化能值。其次，一般通过考查方程的线性来判断所假设机理函数的合理性。但是，Arrhenius 公式的指数形式决定了“动力学补偿效应”的存在，即同时求解动力学三因子时，E 和 A 可以通过相互补偿使所有的机理函数都能有一个良好的线性。这样，得到的活化能就会有一定的误差。再次，由于只对一条热分析曲线进行分析，活化能 E 受升温速率 β 的影响难以消除。多重扫描速率法是指用不同升温速率下所测得的多条热分析曲线进行分析。这种方法用至少 3 条热分析曲线上同一转化率 α 处的数据，既可以减小升温速率的影响，又可以不涉及反应机理函数，因此能够获得较为可靠的活化能 E 值[96]。但是多重扫描速率法不能够确定反应的级数，鉴于两种方法的特点，本节试着从这两种方法来确定反应的活化能，通过分析来确定哪个方法更适合。

2.2.3.2　Coats-Redfern 法

单一扫描速率法中我们选取了比较有代表性的 Coats-Redfern 法，该方法是一种利用一条非等温热分析曲线（这里采用 TG 曲线）的数据进行动力学分析的方法。烘焙玉米秸秆燃烧动力学分析主要针对失重最剧烈的第二阶段。玉米秸秆的组成复杂，其燃烧过程包括一系列组分的反应，热重微分曲线反映的是燃烧过程中所牵涉的所有反应组分的失重信息。根据热重曲线，可以求得任一时刻燃烧反应的转化率[97]：

$$\alpha=(m_0-m_t)/(m_0-m_f) \tag{2-2}$$

式中 m_0——样品初始质量；

m_t——某时刻的样品质量；

m_f——反应结束时达到稳定状态的样品质量。

在热重法分析生物质受热失重的过程中，烘焙玉米秸秆可用下面的动力学模型来模拟：

$$-\frac{da}{dt}-k(1-a)^n \tag{2-3}$$

式中 t——反应时间；

$k=A\exp\left(-\frac{E}{RT}\right)$，是 Arrhenius 常数；

n——反应级数。

对于给定的升温速率 $\beta=\frac{dT}{dt}A$ 是频率因子；E 是活化能；R 是普适气体常数；T 是反应温度。

对式(2-3)进行整理：

$$-\frac{da}{dT}\frac{1}{(1-a)^n}=\frac{A}{b}\exp\left(-\frac{E}{RT}\right) \tag{2-4}$$

对式(3-4)两边取对数：

$$\ln\left[-\frac{da}{dT}\frac{1}{(1-a)^n}\right]=\ln\frac{A}{\beta}-\frac{E}{RT} \tag{2-5}$$

令 $Y=\ln\left[-\frac{da}{dT}\frac{1}{(1-a)^n}\right]$，$X=\frac{1}{T}$，$a=-\frac{E}{R}$，$b=\ln\frac{A}{\beta}$，则式(2-5)可变化为：

$$Y=aX+b \tag{2-6}$$

根据实验 TG 和 DTG 曲线，可以获得不同温度对应的 a 和$\frac{da}{dT}$。

考虑到燃烧初期水分和吸附性气体的干扰，以及燃烧后期传热传质等因素的影响，因此选择 $0.1\leqslant\alpha\leqslant0.9$ 范围的燃烧进行研究，图 2-6 是在升温速率为 5℃/min，10℃/min，20℃/min，30℃/min，5℃/min，5℃/min，n 分别取 0.5，1，2，3 时的 Y 与 1000/T 的关系。

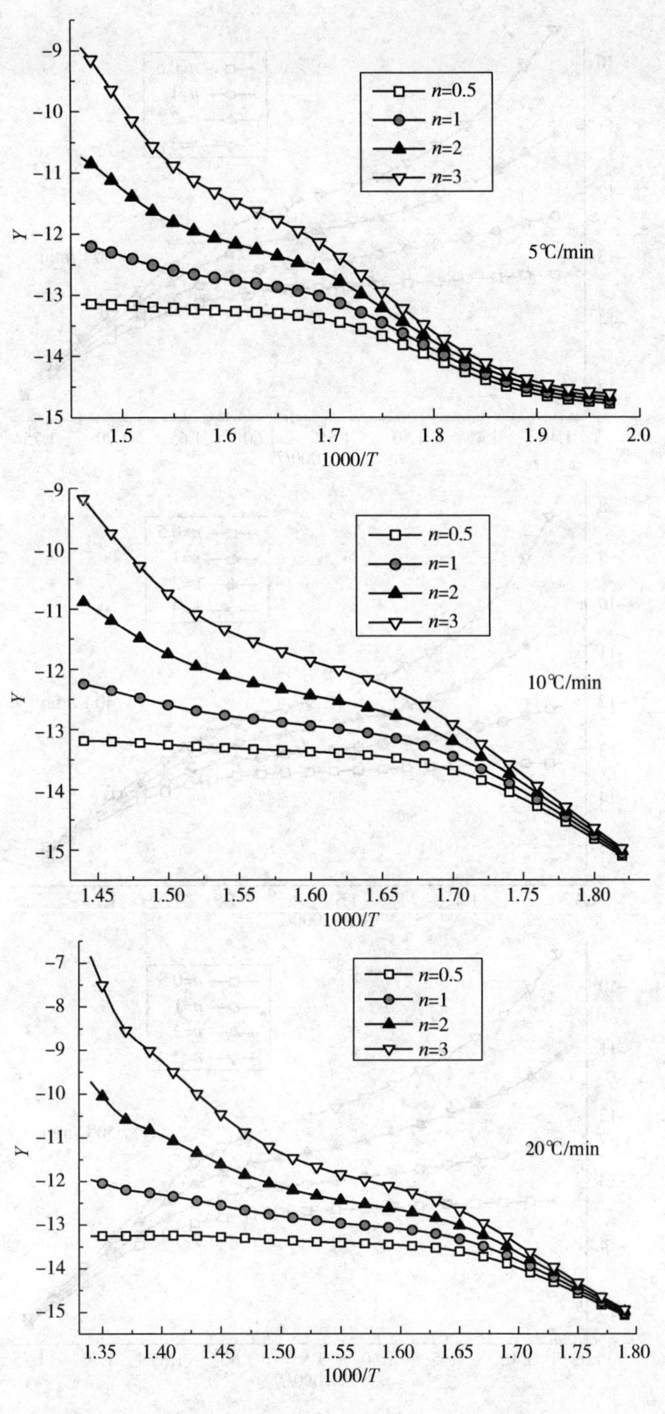

图 2-6　不同 n 值对应的 $1000/T$-Y 曲线

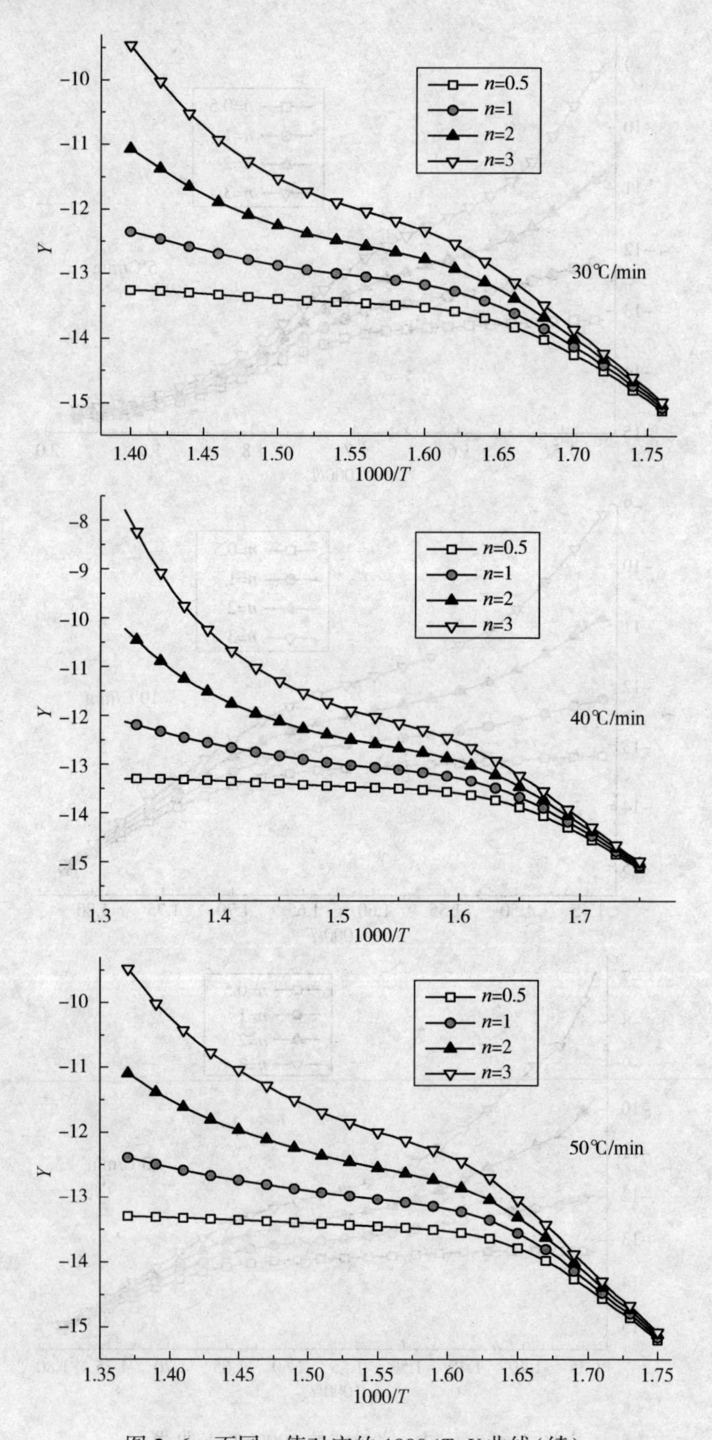

图 2-6　不同 n 值对应的 1000/T-Y 曲线(续)

从图 2-6 可以看到，在整个燃烧温度区间内，在不同的升温速率下，选取不同的反应级数，均未出现 Y 与 $1000/T$ 呈线性的变化关系，说明在整个燃烧过程中不能用一个单一的反应模型来描述整个燃烧反应过程。然而通过图中曲线的变化趋势可以看出，如果将整个温度区间划分为不同的温度阶段，则在某些温度阶段内，曲线的变化趋势可以近似认为呈线性关系。这说明烘焙玉米秸秆的燃烧反应是由多个反应叠加在一起的复杂化学反应，因此很难采用一种线性关系来描述整个燃烧反应过程。而在某些温度阶段内，燃烧反应则主要由相对单一的反应组成，因此可以将燃烧过程分为多个阶段的单一反应来进行处理。为了更为准确地描述烘焙秸秆的燃烧过程，我们以 DTG 峰值对应的温度 T_m 点为分界点，把每个过程分为两部分，对两部分分别进行活化能的计算。以升温速率为 30℃/min 的燃烧反应为例，来说明分段燃烧活化能的确定(图 2-7)。

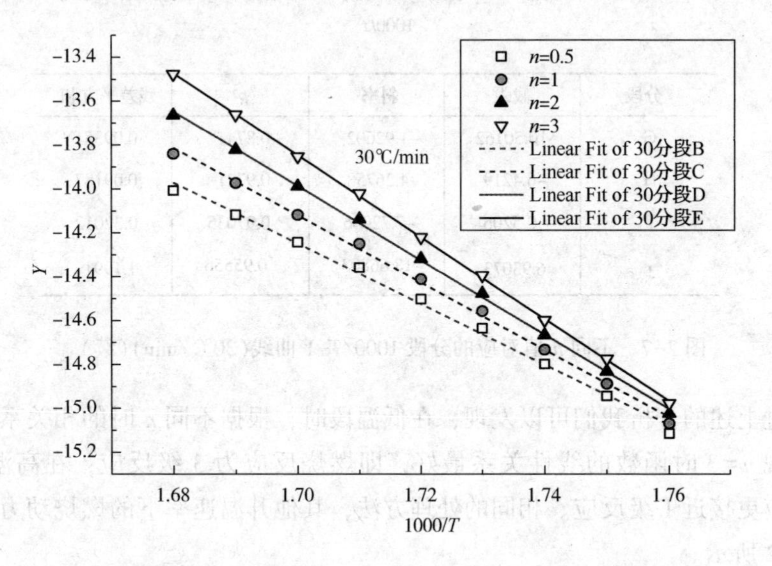

分段	截距	斜率	R^2	残差平方和
B	9.24121	−13.81718	0.99514	0.00489
C	11.9329	−15.32528	0.99757	0.003
D	14.81613	−16.9425	0.99904	0.00145
E	17.88952	−18.66803	0.99971	0.000523

图 2-7　不同 n 值对应的分段 $1000/T$-Y 曲线(30℃/min)

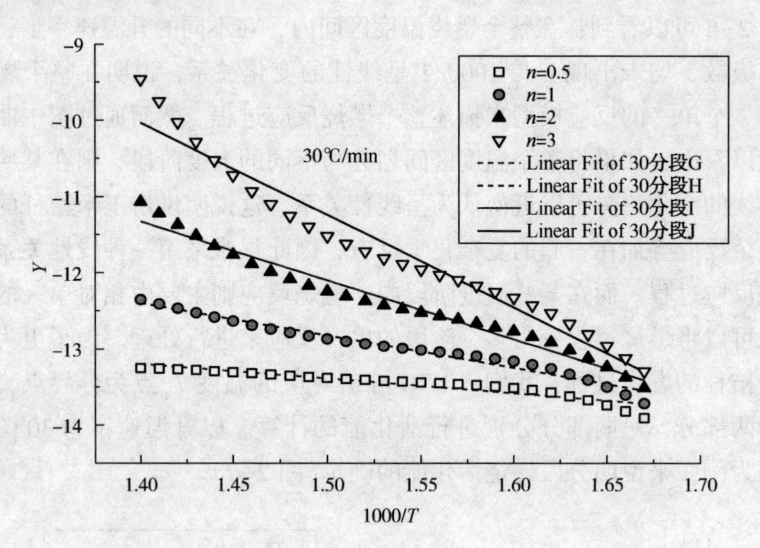

分段	截距	斜率	R^2	残差平方和
G	−10.50162	−1.92602	0.8741	0.09351
H	−6.4219	−4.26758	0.9721	0.09187
I	−0.5206	−7.72066	0.97035	0.32012
J	6.93073	−18.66803	0.95556	1.1991

图 2−7　不同 n 值对应的分段 1000/T−Y 曲线（30℃/min）（续）

通过上述的分析我们可以发现，在低温段时，根据不同 n 时的相关系数和残差，发现 $n=3$ 时函数的线性关系最好，即燃烧反应为 3 级反应，在高温段时，燃烧反应更接近 1 级反应。相同的处理方法，其他升温速率下的燃烧动力学参数如表 2−2 所示。

表 2−2　不同升温速率下烘焙玉米秸秆的燃烧参数

升温速率 β/（℃/min）	温度范围/℃	活化能 E/（kJ/mol）	反应级数（n）	R^2
5	273～300	159. 994	3	0. 99742
	300～410	31. 95	1	0. 9768
10	279～309	145	3	0. 9999
	309～421	35. 48	1	0. 97063
20	288～314	147	3	0. 99921
	314～464	35. 35	1	0. 984

续表

升温速率 β/(℃/min)	温度范围/℃	活化能 E/(kJ/mol)	反应级数(n)	R^2
30	296~325	155.2	3	0.99971
	325~441	35.48	1	0.9721
40	301~325	148.93	3	0.99941
	325~480	34.57	1	0.9705
50	301~326	142.2	3	0.99916
	326~455	31.87	1	0.97557

通过表2-2我们可以看到，烘焙玉米秸秆在整个燃烧阶段的反应由高温段和低温段组成，燃烧在低温段都符合3级反应函数，并且相关系数较高，说明计算得到的燃烧函数与实际反应函数符合度较高，在高温段燃烧都符合1级反应函数，但是该段的相关系数明显低于低温段，说明高温段的反应并不是完全和1级燃烧反应函数吻合，在以后的工作中可以在高温段的反应函数的确定上做进一步的研究和探讨。从表中我们还可以看到高温段的活化能要远低于低温段的活化能，说明经过高温段的加热以及原料自身的分解，有更多的挥发分析出，使得燃烧更容易进行。

通过Coats-Redfern法的介绍，我们发现，要准确判断燃烧中的反应级数是相当困难的，由于研究者本身的主观因素使得函数的选择、级数的选择都带有明显的个人偏好，即使相同的实验条件也有可能计算出不同的反应函数和级数，因此下面我们通过多重扫描速率法对烘焙玉米秸秆的燃烧反应进行求解。主要利用的是Flynn-Wall-Ozawa法和Friedman法。

2.2.3.3　Flynn-Wall-Ozawa 法

生物质燃烧的反应速度是升温速率、终温及燃烧产物质量的函数。假设无限短时间内的不等温反应为等温反应，则生物质燃烧反应的反应速率方程为：

$$\frac{\mathrm{d}\alpha}{\mathrm{d}t}=k\times f(\alpha) \tag{2-7}$$

式中　t——时间；

k——化学反应速度常数；

$f(\alpha)$——描述控制化学反应的机理函数(微分形式)。

升温速率：

$$\beta=\frac{\mathrm{d}T}{\mathrm{d}t} \tag{2-8}$$

式中 β——升温速率

由公式(2-1)、式(2-7)、式(2-8)可以得到：

$$G(\alpha)=\int_0^\alpha \frac{d\alpha}{f(\alpha)}=\frac{A}{\beta}\int_{T_0}^{T} e^{-E/RT}dT \approx \frac{A}{\beta}\int_{T_0}^{T} e^{-E/RT}\cdot dT \tag{2-9}$$

式中 T_0——初始温度；

$G(\alpha)$——描述控制化学反应的机理函数(积分形式)。

令 $u=\frac{E}{RT}$，则有 $dT=-\frac{E}{Ru^2}\cdot du$

将上式代入公式(2-9)，并整理得到：

$$G(\alpha)=\frac{AE}{\beta R}\int_\infty^u \frac{-e^{-u}}{u^2}du=\frac{AE}{\beta R}P(u) \tag{2-10}$$

其中：$P(u)=\int_\infty^u \frac{-e^{-u}}{u^2}du=\frac{e^{-u}}{u^2}\left(1-\frac{2!}{u}+\frac{3!}{u^2}-\frac{4!}{u^3}+\cdots\right)$ (2-11)

取公式(2-11)右端括号内前两项，并取对数，则：

$$\ln P(u)=-u+\ln(u-2)-3\ln u \tag{2-12}$$

由于 u 的范围为 $20\leqslant u\leqslant 60$，得：$-1\leqslant\frac{u-40}{20}\leqslant 1$

令 $v=\frac{u-40}{20}$，则 $u=20v+40$ (2-13)

将公式(2-13)代入公式(2-12)，并对对数项用泰勒级数展开取一阶近似，得：

$$\ln P(u)=-u+3\ln 40+\ln 38+\ln\left(1+\frac{10}{19}v\right)-3\ln\left(1+\frac{1}{2}v\right)\approx -5.3308-1.0516u \tag{2-14}$$

即：$\lg P(u)=-2.315-0.4567\frac{E}{RT}$ (2-15)

联立公式(2-11)和公式(2-15)，得到：

$$\lg\beta=\lg\frac{AE}{RG(\alpha)}-2.315-0.4567\frac{E}{RT} \tag{2-16}$$

由于在不同 β_i 下，选择相同的 α，则 $G(\alpha)$ 是一个恒定值，由公式(2-16)可知，在等转化率条件下，$\lg\beta$ 与 $1/T$ 就呈线性关系，从斜率可求出某一转化率 α 下煤燃烧反应的活化能 E 值。然后根据不同转化率条件下的活化能平均值求算反应的平均活化能。

在不同升温速率的实验中，相同转化率下的 $\ln\beta$ 与 $1000/T$ 的关系如图 2-8 所示。根据 Flynn-Wall-Ozawa 法进行线性拟合后得到：当转化率低于 10% 和大于 90% 的情况下的线性拟合度较低，转化率介于 10%~90% 的情形下，拟合的线性度大于 0.97，表明实验数据有一定的可靠性。将不同转化率 α 下求解的活化能 E 以及拟和相关系数 R 的变化情况绘于图 2-9。从图中可以看到，随着燃烧反应的进行，烘焙秸秆活化能变化较大，在 10%~90% 转化率之间求得平均活化能为 171kJ/mol。

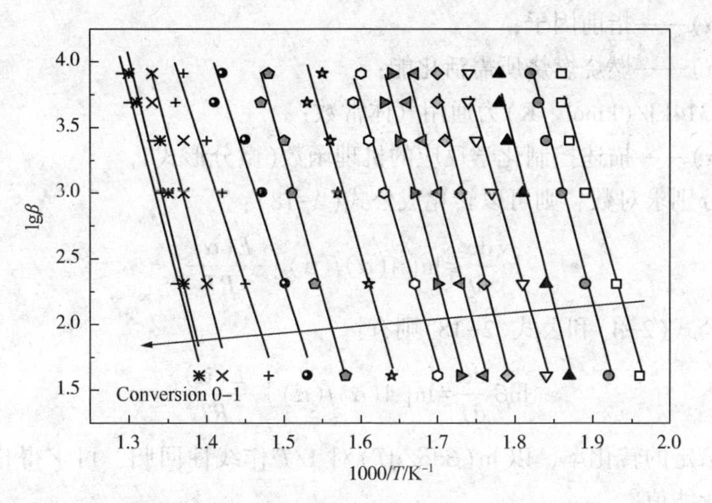

图 2-8　基于 TG 测试的 $\lg\beta$ 与 $1000/T$ 线性拟合

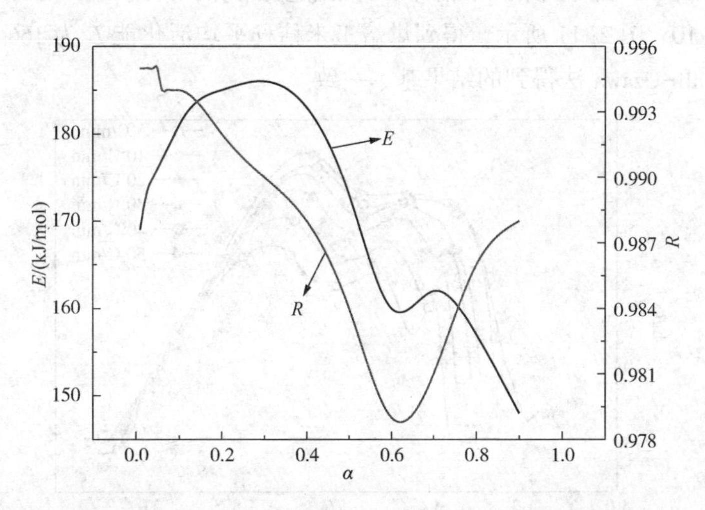

图 2-9　基于 Flynn-Wall-Ozawa 法的 E、R 与 α 的关系

2.2.3.4 Friedman 法

忽略燃烧过程中颗粒内部浓度梯度和温度梯度，燃烧过程可视为本征反应过程。Friedman 法就是直接对本征动力学公式移项，联合公式(2-1)和公式(2-3)可得公式(2-17)：

$$\frac{\mathrm{d}\alpha}{\mathrm{d}t}=A(\alpha)f(\alpha)\times \mathrm{e}^{-E(\alpha)/RT} \tag{2-17}$$

式中　$A(\alpha)$——指前因子；

$E(\alpha)$——燃烧燃烧所需活化能；

$R=8.314\mathrm{kJ/(kmol\cdot K)}$为通用气体常数；

$f(\alpha)$——描述控制化学反应的机理函数(微分形式)。

两端分别求对数，则可以转化成公式(2-18)：

$$\ln\frac{\mathrm{d}\alpha}{\mathrm{d}t}=\ln[A(\alpha)f(\alpha)]-\frac{E(\alpha)}{RT} \tag{2-18}$$

结合公式(2-4)和公式(2-18)则有：

$$\ln\beta\frac{\mathrm{d}\alpha}{\mathrm{d}T}=\ln[A(\alpha)f(\alpha)]-\frac{E(\alpha)}{RT} \tag{2-19}$$

对于给定的转化率，以 $\ln(\beta\mathrm{d}\alpha/\mathrm{d}T)$ 对 $1/T$ 作线性回归，可求得相应转化率下反应活化能值。

通过 Friedman 法对烘焙玉米秸秆 TG 数据进行计算，得到 $\ln\beta$ 与 $1000/T$ 之间的关系如图 2-10、图 2-11 所示，得到烘焙玉米秸秆平均活化能 E 为 166.59kJ/mol。与 Flynn-Wall-Ozawa 法得到的结果基本一致。

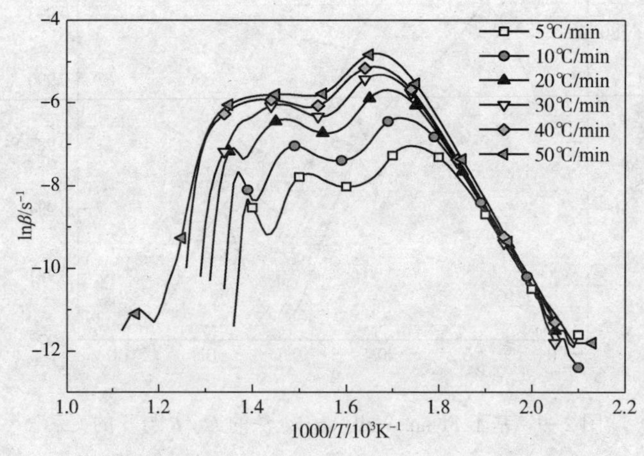

图 2-10　基于 Friedman 法得到 $\ln\beta$ 与 $1000/T$

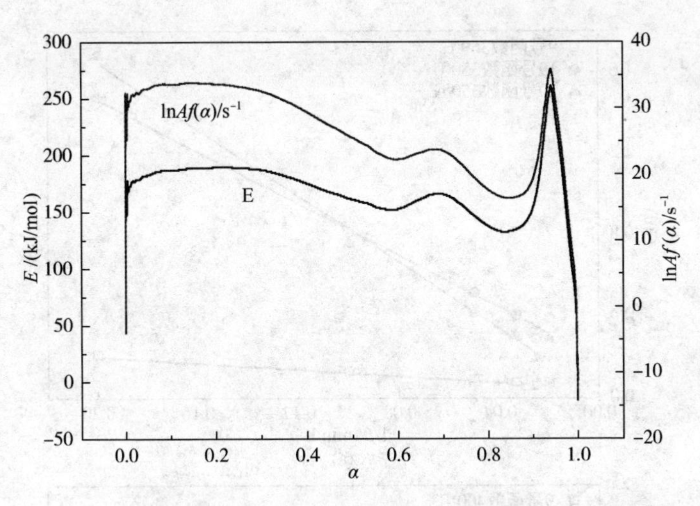

图 2-11 E 与 $\ln Af(\alpha)$ 关于 α 的线性拟合

通过三种方法的求解，发现通过 Coats-Redfern 法计算出的燃烧活化能要低于 Flynn-Wall-Ozawa 法和 Friedman 法，后两者方法不用预先确定燃烧反应的级数和反应函数，仅通过相同转化率下的失重数据进行计算，更具有客观性。

2.2.3.5 Popescu 法对机理函数 $G(\alpha)$ 的求解

利用不同 β 下 T_1 与 T_2 对应的 α_1 和 α_2 数据进行简单近似处理后得：

$$G(\alpha)=\int_{\alpha_1}^{\alpha_2}\frac{d\alpha}{f(\alpha)}=\frac{1}{\beta}\int_{T_1}^{T_2}k(T)\,dT \tag{2-20}$$

用公式(2-20)中的 $G(\alpha)$ 与 $1/\beta$ 关系来推断活性炭燃烧的最佳机理函数。在合理的 β 和 α 值范围内，$f(\alpha)$ 和 $k(T)$ 形式都不变，$G(\alpha)-1/\beta$ 可以拟合得到一条通过原点的直线，若拟合直线的截距趋向于 0，则这个 $G(\alpha)$ 就是反映真实化学过程的动力学机理函数。针对烘焙秸秆样品热重燃烧实验数据，选择 350℃、400℃、450℃作为特征温度并分别进行 Pop 法的求解。

通过对 41 种机理函数进行线性拟合并筛选，其结果如图 2-12 所示。烘焙玉米秸秆在三种不同特征温度下仅编号 9、19 与 20 机理函数(Z-L-T 三维扩散方程和 Avrami-ERofeev 方程随机成核和随机增长 $n=3$，4)拟合得到的相关系数大于 0.98，而 9 号机理函数所拟合得到的截距值更小、关系数更大，如表 2-3 所示。因而烘焙玉米秸秆热重燃烧机理可用 Z-L-T 三维扩散方程进行描述(函数 9)。

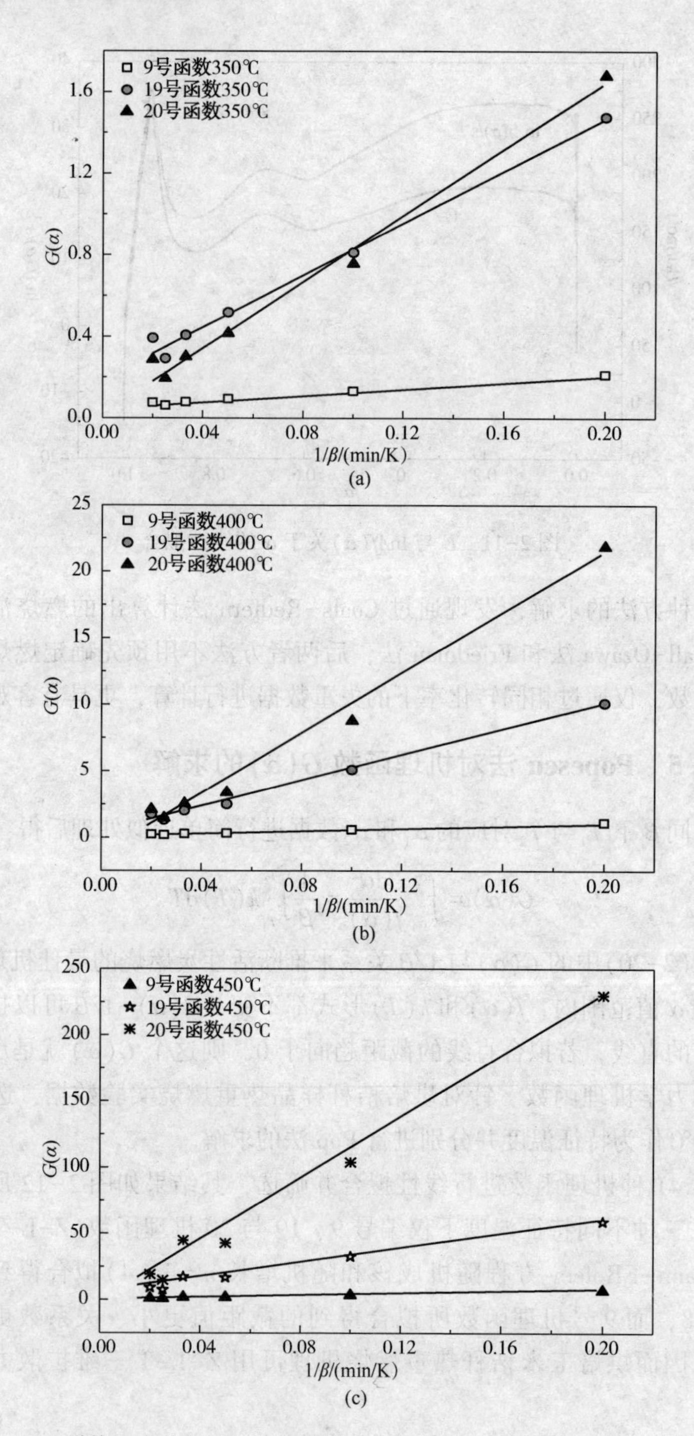

图 2-12　烘焙玉米秸秆 Pop 法线性拟合：(a)350℃；(b)400℃；(c)450℃

表 2-3　不同机理函数下拟合得到的截距值

$G(\alpha)$编号	Intercept	R	$G(\alpha)$编号	Intercept	R
	350℃			400℃	
9	0.05187	0.98503	9	0.0985	0.9929
19	0.19709	0.98818	19	0.34157	0.99276
20	0.03225	0.98515	20	-1.37569	0.98397
	450℃				
9	0.29355	0.98532			
19	3.85612	0.97991			
20	-7.99744	0.9871			

2.2.4　烘焙秸秆的燃烧特性分析

2.2.4.1　试样燃烧特征参数分析

在热重燃烧实验的基础上，对烘焙秸秆的燃烧特性进行较为全面的评价，本书借鉴了煤的燃烧特性参数的求法，试样的燃烧特性参数求解如下。

(1) 着火温度 T_i。着火点指煤样开始燃烧的点，该点的温度是衡量煤粉着火特性的重要特征点，能够直观反映出煤样燃烧的难易程度。本文采用 TG-DTG[98-100] 切线法确定着火点，在 DTG 曲线上过峰值点 $(dw/dt)_{max}$ 作一垂线与 TG 曲线交于一点，过交点作 TG 曲线的切线，该切线与失重开始平行线的交点所对应的温度定义为着火温度。

(2) 燃尽温度 T_h。燃尽特性是评价燃料燃烧性能的一个重要指标，燃尽特性好，燃烧速率快，易燃尽。本文仍采用 TG-DTG[98-100] 法确定。在 DTG 曲线上过峰值 $(dw/dt)_{max}$ 作垂线与 TG 曲线交于一点，过这一点作 TG 曲线的切线，该切线与失重基本结束平行线的交点所对应的温度定义为燃尽温度。

(3) T_m 是以 DTG 曲线上最大燃烧失重峰 DTG_{max} 所对应的燃烧温度，T_m 越低，说明挥发分析出越早；DTG_{max} 越大，说明挥发分析出燃烧过程越剧烈。

(4) $(dw/dt)_{max}$ 是 DTG 曲线上最大燃烧速度，单位为%/min；

(5) $(dw/dt)_{mean}$ 是在整个燃烧过程中样品的平均燃烧速率，单位为%/min；

依以上定义，求得烘焙秸秆燃烧特性参数见表 2-4。

表 2-4 烘焙秸秆的燃烧特征参数

样品	β	T_i	$(dw/dt)_{max}$	$(dw/dt)_{mean}$	T_h	T_m
TC270	5	251	4.359	0.555	456	300.36
	10	270	9.402	1.103	466	309.049
	20	283	16.845	2.104	473	314.746
	30	290	27.924	3.344	475	325.235
	40	293	31.449	4.11	485	325.837
	50	296	53.358	5.645	489	326.29

由表 2-4 可知，随升温速率 β 的增加，烘焙秸秆的着火温度 T_i(251℃→296℃)、燃尽温度 T_h(456℃→489℃)及最大燃烧失重峰$(dw/dt)_{max}$及其所对应的温度 T_{max} 均随之增加，表明烘焙秸秆的着火与燃尽受到加热速率的影响。这主要是由于挥发分因加热速率升高不能及时析出，致使挥发分燃烧滞后，进而阻碍氧气扩散到样品颗粒内部与固定碳的反应，使得燃尽推迟。

2.2.4.2 烘焙玉米秸秆燃烧特性评价指数

在表 2-4 试样燃烧特征参数的基础上，为全面评价其燃烧特性，本书采用以下燃烧特性评价指标。

(1) 可燃性指数 C[101-103]，单位为(℃$^{-2}$·min^{-1})。其大小表示燃烧反应前期达到着火温度后燃料的反应能力。其可用公式(2-21)来求解：

$$C=\frac{(dw/dt)_{max}}{T_i^2} \tag{2-21}$$

(2) 燃烧稳定性指数 G[104]，单位为(℃$^{-2}$·min^{-1})。用来描述样品的燃烧稳定性，其值越大，表示试样的燃烧稳定性越好，其可用公式(2-22)来求解：

$$G=\frac{(dw/dt)_{max}}{T_i \times T_{max}} \tag{2-22}$$

(3) 综合燃烧特性指数 S[102,103]，单位为(℃$^{-3}$·min^{-2})，其用来描述试样的着火和燃尽的综合燃烧特性指数，其值越大，燃烧特性越佳。可用公式(2-23)求解：

$$S=\frac{(dw/dt)_{max}(dw/dt)_{mean}}{T_i^2} \tag{2-23}$$

(4) 稳燃判别指数 M_1，通过对 90 几种煤样的热天平研究，提出了综合判别指数，其值越大，燃烧稳定性越好[105]。可用公式(2-24)求解：

$$M_1=4.7e^{-0.0052T_i}+4.6e^{-0.0044T_{max}}+0.0091e^{0.36(dw/dt)_{max}}+0.011e^{0.44G} \tag{2-24}$$

(5) 煤着火稳燃特征综合判别指标 R_w，西安热工所与普华燃烧研究中心共同制定的煤着火稳燃特性指标，其值越大，燃料着火稳燃特性越好[105]。可用公式(2-25)求解：

$$R_W=\frac{560}{T_i}+\frac{650}{T_{max}}+0.27\,(dw/dt)_{max} \tag{2-25}$$

由以上各公式求得试样的燃烧特性指数见表2-5。

表2-5 烘焙秸秆的燃烧特征参数

样品	β	$C/10^{-6}$	$G/10^{-6}$	$S/10^{-9}$	M_1	R_w
TC270	5	69.19	57.82	84.21	2.55584	5.57208
	10	128.97	112.68	305.27	2.61478	6.71584
	20	210.33	189.11	935.58	6.15617	8.59211
	30	332.03	296.06	2337.51	213.42573	11.46907
	40	366.33	329.41	3104.36	753.69811	12.39736
	50	609.00	552.46	7030.26	2001485.46	18.29064

由表2-5可知，随着升温速率β的增加，样品的各燃烧指数C、G、S、M_1及R_W均呈现出上升趋势，表明样品燃烧的稳定性、可燃烧、着火稳定性等均在改善。

热重数据分析发现，烘焙秸秆燃尽温度不超过500℃，着火温度在251~296℃之间变化。故可以350℃、400℃、450℃、500℃为特征温度点作为不同燃烧反应程度的表征。升温速率的选取参考了各个燃烧特征指数，以及考虑到温升太高会引起局部燃烧不完全等因素，在以后的实验中选择升温速率为10℃/min。

2.3 烘焙玉米秸秆管式炉燃烧实验

基于烘焙玉米秸秆燃烧过程表面结构变化特性，本书由管式炉制备不同温度下焦样。在固相红外(ATR-FTIR)分析仪以及X射线光电子能谱分析(XPS)研究燃烧过程表面化学官能团演化规律。

2.3.1 烘焙玉米秸秆燃烧实验

采用OTL1200管式炉对烘焙玉米秸秆进行燃烧试验，取2.0g±0.05g烘焙玉米秸秆于刚玉瓷舟中并置于管式炉内。炉膛温度由室温分别加热到 350℃（TC270-350）、400℃（TC270-400）、450℃（TC270-450）、500℃（TC270-500），升温速率为 10°C/min，到达设定温度后恒温 30min，全程通入空气直至管内温度到达室温停止，并取出焦样。

图 2-13 为烘焙秸秆不同燃烧终温下焦样图，可以观察到燃烧过程中焦样逐渐由黑色变为灰色。400℃以下燃烧，主要是挥发分碳化从而使焦样呈黑色，而且温度高碳化更加明显。随着燃烧温度升高，固定碳逐渐被燃烧并变为灰分。

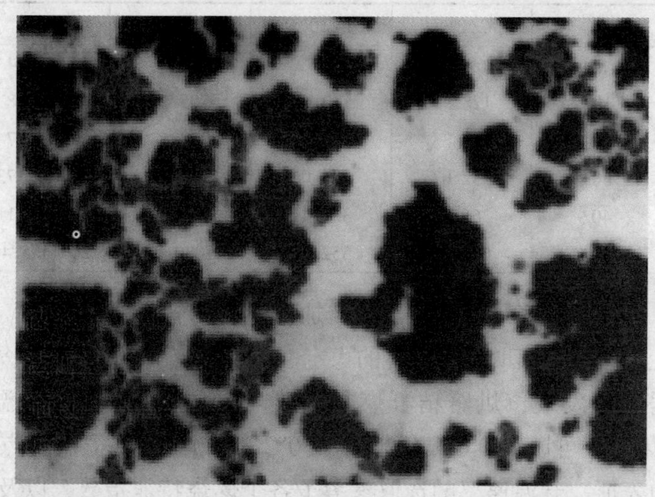

(a)TC270-350

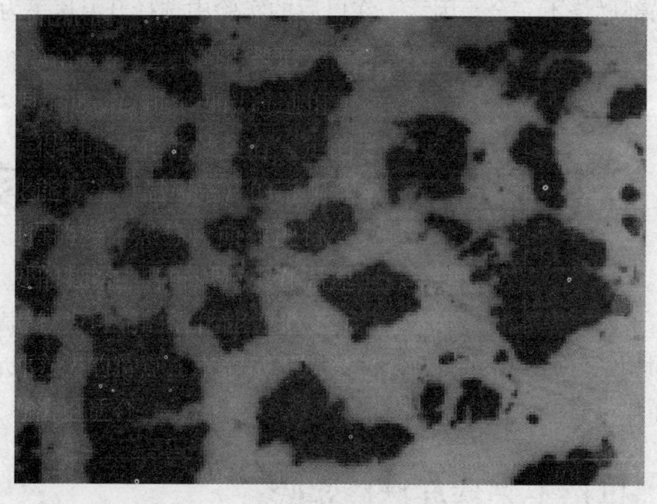

(b)TC270-400

图 2-13　烘焙秸秆燃烧焦样图

(c)TC270-450

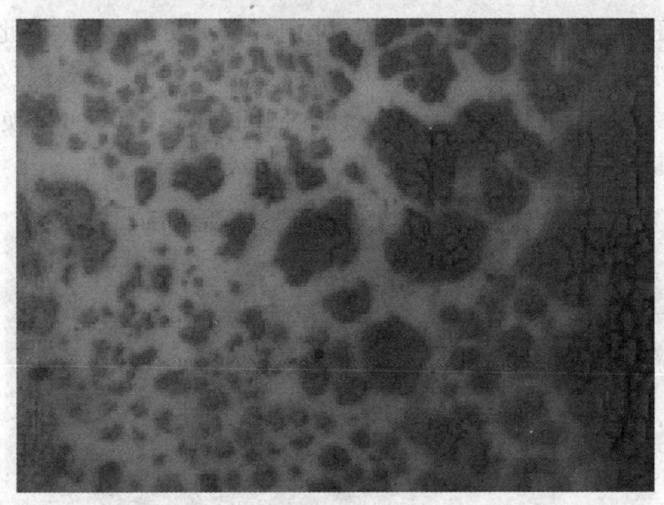

(d)TC270-500

图 2-13　烘焙秸秆燃烧焦样图(续)

2.3.2　傅里叶变换衰减全反射红外光谱分析(ATR-FTIR)

2.3.2.1　傅里叶变换衰减全反射红外光谱分析技术

作为与核磁、质谱和紫外光谱比肩的四大光谱学之一，红外光谱学隶属于分子光谱学范畴，在鉴定样品化学组成和结构特性方面有很好的应用[106]。其测量对象的范围不仅限于有机物、无机物，还能够用于复合材料结构的分析和测量，是科研领域类一种重要的研究技术手段。红外光谱通常可分为近红外区、中红外区、远红外区，常用区域在 4000~400cm^{-1}范围。如今随着傅立叶红外光谱技术的发展，制样技术也不再仅限于传统的溴化钾压片和液膜法。红外附件主要有：红外显微晶附件、拉曼光谱附件、衰减全反射附件(ATR)、漫反射附件、镜面反射附件等。

目前，衰减全反射红外光谱技术已得到广泛的运用，它已然成为傅里叶红外光谱分析工作者常用的一种红外样品测试的手段。与其他制样过程不同，这种技术手段在测试样品前不需要对样品进行任何前处理，也不会对样品造成损害，其研究分析的结果同样也为大多数学者认可。传统溴化钾压片技术制样，研磨、溴化钾稀释以及最后的压片过程都会影响到红外光谱图的测量结果。并且，考虑到样品表面化学组成、氧化及各种化学变化较本体而言反应较浅，压片法得到的透射光谱中特征吸收峰易被本样品中原有结构遮盖，分析难度加大。此外，本研究的烘焙秸秆燃烧的焦样是玉米秸秆经烘焙后燃烧所得。由于秸秆灰分含量较低，制样相对不易，综合多种因素考虑选择 Spectrum Two 型傅里叶变换红外光谱仪 ATR 附件(如图 2-14 所示)进行红外光谱的测试与分析。

图 2-14　Spectrum Two 型傅里叶变换红外光谱仪 ATR 附件

本书采用美国 Perkin Elmer 科技公司生产的 Spectrum Two 型傅里叶变换红外光谱仪对烘焙玉米秸秆不同燃烧终温试样进行红外光谱测定，从微观角度深入研究含氧官能团在燃烧过程中的演化规律。利用傅里叶变换红外光谱仪记录烘焙玉米秸秆及焦表面 ATR-FTIR 光谱(4000~450cm^{-1})，样品被配有弹簧顶的 ATR 附件压在金刚石表面上。对背景(空气)及样品进行 32 次扫描，分辨率为 4cm^{-1}。

2.3.2.2 红外光谱分析方法及图谱归属

光谱分析依据朗伯-比尔定律(Lambert-Beer)，具体表述为：穿过样品任意波长光吸收强度正比于样品组分浓度和光程长，有

$$A(v)=\lg \frac{1}{T(v)}=a(v)bc \tag{2-26}$$

式中 $A(v)$——波数(v)处的吸光强度；

$T(v)$——波数(v)处的透射率；

$a(v)$——波数(v)处的吸光度系数；

b——光程长(样品厚度)；

c——样品的浓度。

红外光谱解析离不开谱峰位置、形状、峰强，也被称为红外光谱图的三要素。一般情况，红外谱图解析时遵照由高频到低频的顺序，先由高频区确定可能存在的官能团，再由指纹区相关联的吸收存在与否确定官能团结构特征。对于小分子而言，可由主要官能团结构特征吸收峰直接确定，但对于生物质等大分子聚合物还无法简单地由一两张红外光谱确定其结构组成。分析常用到直接法、否定法和肯定法：直接法就是将样品谱图与标准样品比对确定样品是否为相同物质；否定法是指通过观察谱图并未发现某种特定基团的特征吸收峰从而否定该基团的存在；肯定法与否定法恰好相反，由特征基团特征吸收峰确定某基团的存在。三种分析方法中肯定法应用最为方便和广泛，本研究中对于全谱分析就是应用直接法。红外光谱谱图深入分析甄别需要曲线的分峰拟合，通过这种方法能够将严重重叠的谱带逐一分解出来。具体可由光谱导数加以区分甄别，一阶导数能够显明吸收峰和间峰，二阶导数可以确定峰的位置，四阶导数分辨率更强更加精确。

红外光谱定性分析主要依据图谱中某些特征吸收峰位置、吸收峰强度和形状，确定样品中所包含的物质基团和化学结构。本研究中生物质材料结构组成的变化，同样可由红外光谱中中红外区域特征吸收峰加以鉴别和区分。依据已经出版的红外参考书籍及前人研究，将红外光谱中最具有代表性的波段 4000~750cm^{-1}峰位归属列于表 2-6[107]。

表 2-6 烘焙秸秆燃烧焦样中各官能团 ATR-FTIR 吸收峰归属

位置/cm^{-1}	波动范围/cm^{-1}	吸收峰归属
3340，3335，3327	3500~3300	—OH 伸缩振动
3040	3054~3030	芳香族 C—H 伸缩振动
2900	3000~2800	脂肪族 C—H 伸缩振动
1714，1702	1800~1650	羰基/羧基 C═O 伸缩振动
1604，1573，1557	1650~1520	芳香烃 C═C 伸缩振动
1514，1417，1426，1383，1369	1520~1350	脂肪族—CH_3/—CH_2—变形振动
1318	1350~1250	芳香醚 C—O—C，C—O，和酯 O═C—O—C 伸缩振动
1102，1053(shoulder)，1032，1089	1150~950	脂肪族醚 C—O—C 和醇 C—O 伸缩振动
875，872，797，779	900~750	芳香烃 C—H 面外变形伸缩振动

2.3.3 X 射线光电子能谱分析(XPS)

X 射线光电子能谱(X-ray photoelectron spectroscopy，XPS)，又称为化学分析用电子能谱法[108](electron spectroscopy for chemical analysis，ESCA)，是一种应用广泛且非常有效的表面分析技术手段[109]。其原理可以简述为，样品在接收具有一定能量的 X 射线照射时，样品表面原子或分子的内层电子会受激发射，激发态光电子的动能可由能量检测器测出，经爱因斯坦能量方程配合即可获取样品的电子结构信息。由于被测元素结合能会随其所处化学环境变化而改变，故由此可确定元素的化学形态特征。XPS 可对样品表面上除 H 和 He 以外的所有元素进行定性和定量分析，其优点在于表面灵敏度高、样品破坏程度低、制样过程简便。自 20 世纪 50~60 年代瑞典科学家 Kai Siegbahn 等[110]成功将 XPS 技术应用于固体木材表面分析以来，XPS 被广泛应用于材料学、表面化学、催化剂、涂层、冶金等领域。

本研究中样品的 XPS 测试采用型号为 ESCALAB250Xi 的 X 射线光电子能谱仪(XPS)，如图 2-15 所示。靶源为单色器 AlKα 靶(1486.6eV)，功率为 150W，本底压力为 5×10^{-8}Pa，以 C1s(286.8eV)峰作为内标进行校正。在测试过程中，设定全谱扫描的通过能为 100eV，步长为 1eV；设定窄谱扫描的通过能为 30eV，步长为 0.1eV。为了获得良好的实验效果，研磨至≤0.074mm 的粉末样品被制成压片用于 XPS 测试。

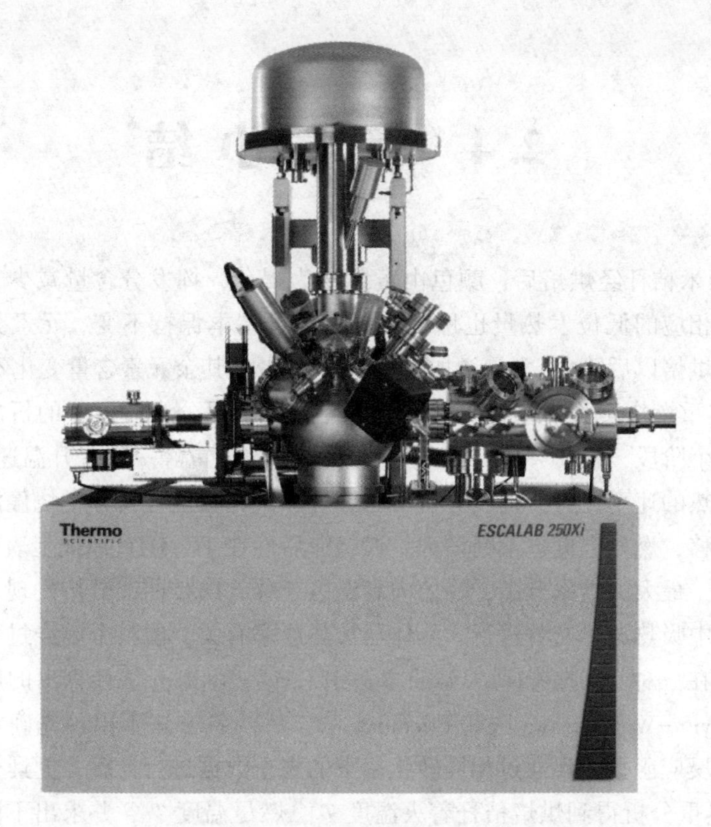

图 2-15　X 射线光电子能谱仪

实验中获取的傅里叶红外光谱图和 X 射线光电子能谱，均为连续的曲线，每个峰由各小峰重叠而成，在结构分析上未必精确，加之本研究生物质秸秆构成复杂，更是加大了分析的难度。分峰拟合能够解决上述难题。简单地讲，分峰拟合就是曲线拟合，是将重叠峰分解为某种函数下的子峰。函数一般为高斯函数或者洛伦兹函数，前者函数分布偏细高呈正太分布，后者峰形较宽。通过拟合能够将严重重叠的峰分解出来，并且可以调整相关参数加以优化。近年来随着科学计算机技术的发展，计算机技术在光谱分析和解叠方面的应用有了很大的进步，为光谱分析的准确性提供可能。通过计算机软件预设程序能够快速、准确地进行分峰拟合，并输出拟合后峰的面积、位置、半高宽等相应参数，使得光谱分析更加便捷可靠。

2.4 本章小结

① 玉米秸秆经烘焙后，颜色由黄色变为褐色，挥发分含量减少，固定碳含量增加，相应的低位发热量也增大，灰分含量基本保持不变。元素分析结果发现，秸秆烘焙以后除 C_{ad} 含量增加、O_{ad} 含量减少外其余元素含量变化不大。

② 热重燃烧实验结果表明，烘焙秸秆燃烧主要分为挥发分的析出与固定碳的燃烧两个阶段，在 TG-DTG 曲线上呈现明显的失重峰。随着升温速率 β 提高，样品被加热的速率提升，挥发分析出与燃烧加快，致使挥发分燃烧停滞，燃烧向高温区迁移，燃尽温度也不断增大。燃烧滞后性在 TG-DTG 曲线上表现为失重峰跨度变大，最大失重率升高，峰值向高温区迁移；DSC 曲线分析发现，烘焙秸秆燃烧过程中吸热放热交替进行，具体与加热速率有关，但整个燃烧过程表现为放热反应。在三种计算燃烧动力学的方法中 Coats-Redfern 法计算出的燃烧活化能要低于 Flynn-Wall-Ozawa 法和 Friedman 法，后两者方法不用预先确定燃烧反应的级数和反应函数，仅通过相同转化率下的失重数据进行计算，更具有客观性。

③ 热重分析得到烘焙秸秆着火温度 T_i、燃尽温度 T_h，并求出不同升温速率下燃烧特征指数。随着升温速率的升高，T_i、T_h 变大，燃烧各指数 C、G、S、M_1、R_w 均呈现出上升趋势。综合以上各参数及实际燃烧过程考虑，选择 350℃、400℃、450℃、500℃温度点作为燃烧终温，升温速率为 10℃/min，用于表征燃烧过程不同反应程度。

④ 烘焙秸秆燃烧实验表明，随着燃烧反应的进行，烘焙秸秆逐渐由褐色变为黑色，随后出现灰色。焦样颜色的变化表明燃烧过程先经历挥发分析出再碳化，接着发生固定碳的燃烧反应，这与 TG-DTG 分析结果保持一致。

⑤ 对傅里叶变换衰减全反射红外光谱(ATR-FTIR)仪、X 射线光电子能谱分析(XPS)仪器工作原理和测试条件进行了介绍，并简述了光谱分析中曲线拟合的分析方法。

第3章

焦样表面含氧官能团特性分析

3.1 焦样傅里叶红外光谱分析

3.1.1 焦样红外光谱谱图分析

本节依据烘焙玉米秸秆及其燃烧焦表面的红外分析结果，对比不同温度下焦光谱图前后变化，以探讨有关官能团的演化机理。前文中表2-5已经给出烘焙秸秆燃烧焦样中各官能团ATR-FTIR吸收峰归属。通过OMNIC 8.2谱图寻峰功能对图谱进行自动寻峰，结果呈于图3-1。图3-2给出了不同终温下烘焙玉米秸秆燃烧焦样ATR-FTIR光谱对比图，以便于直观清楚地观察吸收峰强度的变化。

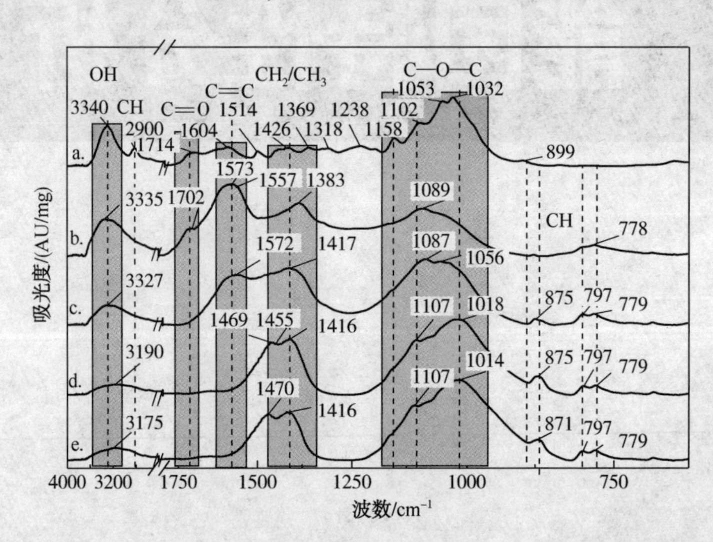

图3-1 不同终温下烘焙玉米秸秆燃烧ATR-FTIR光谱图

a—TC270；b—TC270-350；c—TC270-400；d—TC270-450；e—TC270-500

显然，玉米秸秆烘焙焦样光谱吸收峰要多于燃烧产物的吸收峰。红外光谱3700~2750cm^{-1}范围吸收峰系O—H/C—H伸缩振动峰。烘焙玉米秸秆红外光谱在该区域内，有两个明显的伸缩振动峰分别为3340cm^{-1}(O—H)、2900cm^{-1}(C—H)，系烘焙秸秆产物产生的强吸收峰。1820~680cm^{-1}指纹区，出现了除1032cm^{-1}、

1053cm^{-1}处以外很多微小的波峰：1714cm^{-1}、1604cm^{-1}、1514cm^{-1}、1426cm^{-1}、1369cm^{-1}、1318cm^{-1}、1238cm^{-1}、1158cm^{-1}、1102cm^{-1}，系含氧官能团、双键（C＝C）、碳氢化合物结构吸收峰。前人研究可知，生物质中三组分热分解起始温度分别位于150~350℃（半纤维素）、274~350℃（纤维素）、250~500℃（木质素）。由于组成木质素的单体是一类具有苯丙胺骨架的多羟基化合物，单体间由C—C或者C—O—C连接而成极为稳定的化合物[111]。故270℃下烘焙的玉米秸秆可认为主要是半纤维素的分解，经燃烧后指纹区官能团吸收峰强度和位置都发生明显的变化。

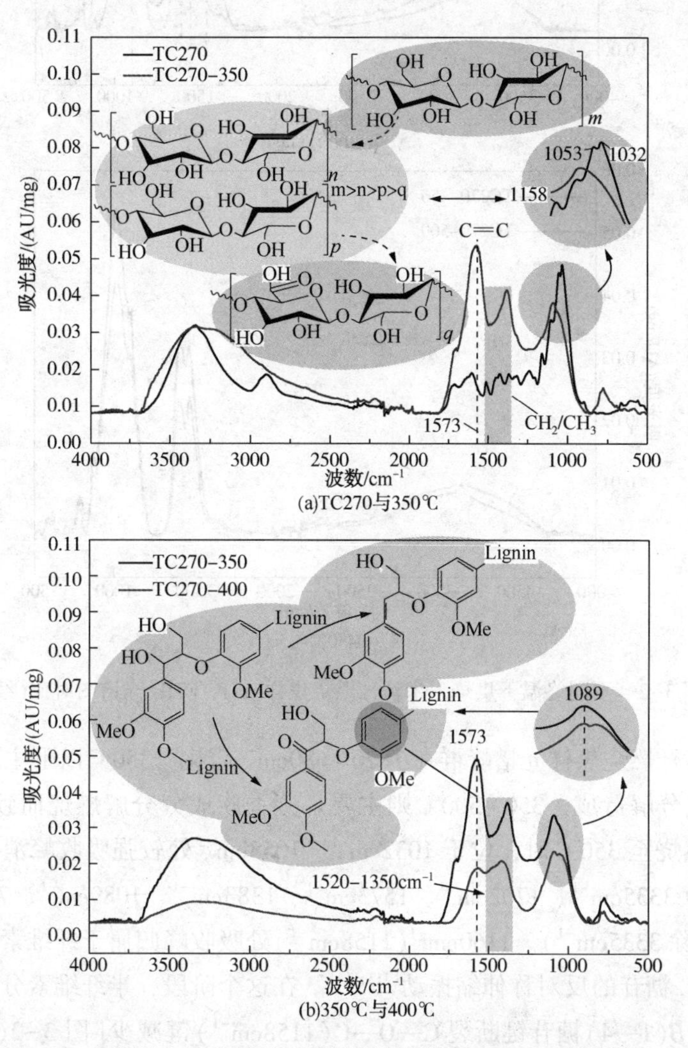

图3-2　不同终温下烘焙玉米秸秆燃烧焦样ATR-FTIR光谱图对比

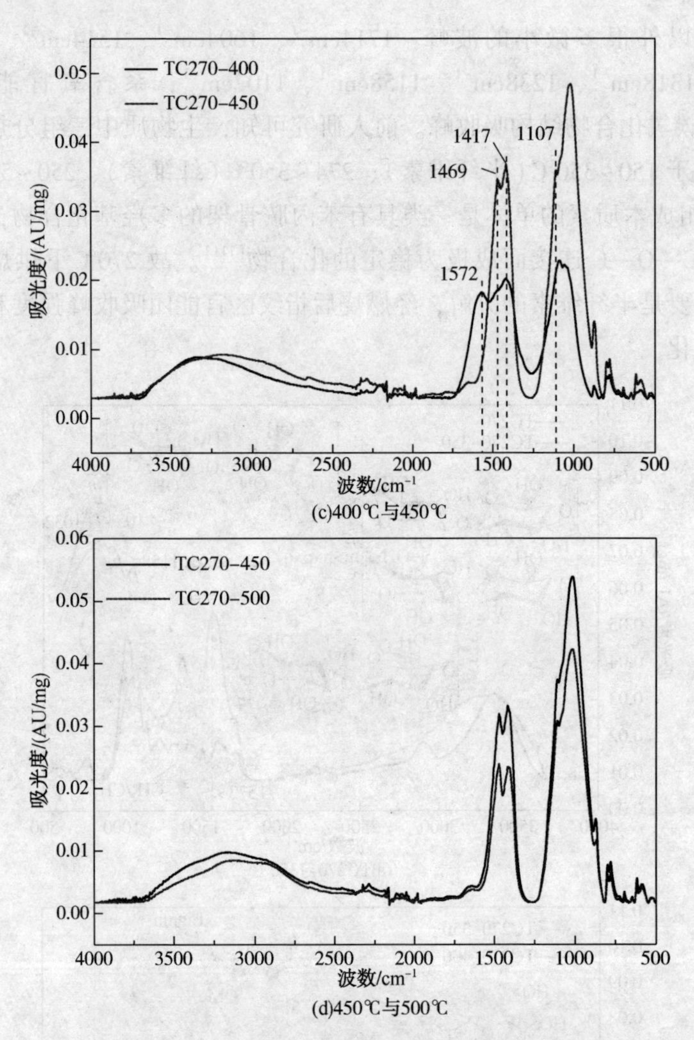

(c)400℃与450℃

(d)450℃与500℃

图 3-2 不同终温下烘焙玉米秸秆燃烧焦样 ATR-FTIR 光谱图对比(续)

烘焙秸秆燃烧焦样光谱峰群在 1820~680cm^{-1} 简化，350℃以下主要是由于脂肪族成分热分解造成，350~500℃则主要是芳香族成分分解燃烧而致[112]。烘焙玉米秸秆燃烧至 350℃时，位于 1032cm^{-1}、1053cm^{-1} 处较强吸收峰消失不见，吸收峰位变为 3335cm^{-1}、1702cm^{-1}、1573cm^{-1}、1383cm^{-1}、1089cm^{-1}、778cm^{-1}，吸收峰增强(除 3335cm^{-1})。1160cm^{-1}(1158cm^{-1})处吸收峰归属于纤维素和半纤维素中 C—O—C 糖苷的反对称伸缩振动[113,114]。在这个阶段，半纤维素分解为木糖基单体碎片，β(1→4)糖苷键断裂 C—O—C(1158cm^{-1})键减少[图 3-2(a)]，进而重组成不稳定 C ═O(1702cm^{-1})键[115]。随后转化为短链或单链结构的化合物，促使—CH_2/—CH_3(1383cm^{-1})增多。也有学者认为这个过程中 C ═O 键形成可能是纤维素热解初期发生了以频那醇为主的脱水反应[116]。1032cm^{-1}峰归属于木质素β-O-4 键、甲氧基和纤维素β-O-1,4 糖苷键的伸缩振动特征吸收[117-119]，随着燃烧反应的进行该峰消失不见。波数 899cm^{-1}处特征吸收峰为纤维素中 C—H 变形[120]，半纤维素和纤维素脱水和解聚作用使得它在 350℃光谱中消失不见。此外，在 350℃烘焙玉米秸秆焦 ATR-FTIR 光谱图中 1573cm^{-1}(C ═C)处吸收峰最高。一方面由于半纤维素及纤维素的热分解反应使的相应的官能团减少，另一方面则因为木质素中主要结构芳环并未发生质的改变。

燃烧终温超过 350℃时，红外光谱图峰群进一步简化。400~500℃范围内焦的光谱图在 1820~680cm^{-1}区域内均呈现出 3 个较明显的吸收峰，分别是 400℃的 1572cm^{-1}、1417cm^{-1}、1087cm^{-1}，450℃ 的 1469cm^{-1}、1416cm^{-1}、1018cm^{-1}，500℃的 1470cm^{-1}、1416cm^{-1}、1014cm^{-1}，并且在 872cm^{-1}、779cm^{-1}附近出现了较弱的吸收峰以及肩峰 1107cm^{-1}。随着燃烧终温的逐步上升，红外光谱图中 1572cm^{-1}处吸收峰在 450℃及以上温度焦中消失，位于 1520~1350cm^{-1}范围内脂肪族—CH_2/—CH_3吸收峰和 779cm^{-1}附近芳香氢吸收峰强也出现了不同程度的减弱。

350℃到 400℃烘焙玉米秸秆燃烧焦的 ATR-FTIR 光谱图变化较之前相比缓和一些。这个阶段位于 1573cm^{-1}、1089cm^{-1}、778cm^{-1}特征吸收峰出现轻微红移，吸收峰强度减弱。温度提高进一步加剧燃烧反应，位于 1573cm^{-1}处表征木质素芳香化合物中芳环结构吸收峰减弱；1520~1350cm^{-1}范围内表征—CH_2/—CH_3特征吸收峰面积 $A_{1520\sim1350cm^{-1}}$减小，表明在前一阶段半纤维素与纤维素热降解生成的短链或单链结构的化合物在逐步被反应掉；1089cm^{-1}处伸缩振动峰减弱主要是脂肪族羟基氧剥离，进而导致 O-木质素键的断裂[如图 3-2(b)]，与张燕[115]研究结果保持一致。

烘焙秸秆 400℃到 450℃焦样的 ATR-FTIR 光谱图变化相比于之前稍小。这一阶段温度继续升高，1572cm^{-1}处吸收峰消失不见，出现 1469cm^{-1}、1107cm^{-1}、1018cm^{-1}新的特征吸收峰，1417cm^{-1}、875cm^{-1}处吸收峰出现轻微的红移。随燃烧终温的提高，烘焙秸秆中木质素燃烧反应更加充分，芳香环 C ═C 键逐渐断裂形成 C—C 单键、—CH_2/—CH_3，这可以从图谱中 1572cm^{-1}处吸收峰消失不见且 1469cm^{-1}、1417cm^{-1}(1416cm^{-1})处吸收峰增强得到证实。1107cm^{-1}为糖苷类 C—O 键的伸缩振动峰[121]，从图 3-2(c)可以观察到该处吸收峰增强，这是由于这一阶段木质素燃烧反应过程中生成不稳定的中间过渡物质而造成的。

450℃至 500℃焦样 ATR-FTIR 光谱图中特征吸收峰峰位基本保持不变，部分吸收峰位置发生轻微红移。燃烧反应在这个阶段，官能团种类没变只是量在减少[图 3-2(d)]。随着燃烧终温的进一步升高，表征—CH_2/—CH_3、C—O/C—O—C 吸收峰强度减弱，相应含量减少。燃烧反应进一步推进，原本 450℃焦中剩余的—CH_2/—CH_3、C—O/C—O—C 被消耗，逐渐转化为气体等其他成分释放出去。

3.1.2 焦样红外光谱分峰拟合方法

为了探究各官能团(特别是含氧官能团)详细的变化规律，本书基于不同焦样对红外辐射的特征吸收，利用 Peakfit 4.1.2 专业分析软件对得到的红外光谱图进行光谱解叠处理。红外数据在进行拟合前需要扣除基线，基线的选取借鉴了 faix[76]与 Ibarra[122]分区域扣除的方法。本书主要分析全谱范围内 700~1820cm^{-1}(指纹区)、2750~3700cm^{-1}(O—H/C—H 区)变化特点及发生改变的原因。基线的选取基于各自区域两个端点的线性连接，不同温度的焦样由于结构的不同可能会对区域稍微有些调整。

扣除基线后，利用软件自带拟合方法(二阶导数法)，选择 Lorentz/Gauss Area 函数，峰宽度和形状可变进行自动拟合，拟合参数标准差 $SE<10^{-2}$、相关性系数 $R^2>0.999$。拟合时参考文献中关于该区域内吸收峰的个数和位置研究结果，来进行分峰拟合。并且软件在自动拟合时，根据红外光谱的二阶导数来确定红外吸收峰的位置。故而能够确保光谱分峰拟合结果具有重要的参考价值。

3.1.3 焦样表面含氧官能团 ATR-FTIR 分析

3.1.3.1 700~1820cm^{-1}波段内分峰拟合

随着燃烧终温的升高，700~1820cm^{-1}(指纹区)范围内光谱变化明显。据该区域内官能团的种类(主要是含氧官能团和芳香核上 H 面外变形振动)以及二阶导数，将该段光谱分峰解叠出 23 个适宜峰。图 3-3 给出了烘焙玉米秸秆及不同燃烧终温下焦红外光谱解叠曲线，表 3-1~表 3-3 为该波段范围内解叠时拟合参数及归属[107,112-123]。分峰使得这一区域内各个基团含量更加清楚明了，从拟合得结果来看大致包含官能团如下：C—H 面外振动、—CH_2/—CH_3、C ═C 以及含氧官能团中 C—O、O—C ═O(羧基)、C—OH(醇、酚和醚)和 C ═O(羰基)。将各温度下焦样中主要官能团面积强度绘于图 3-4，可以直观地展现出各个官能团的含量多少变化。

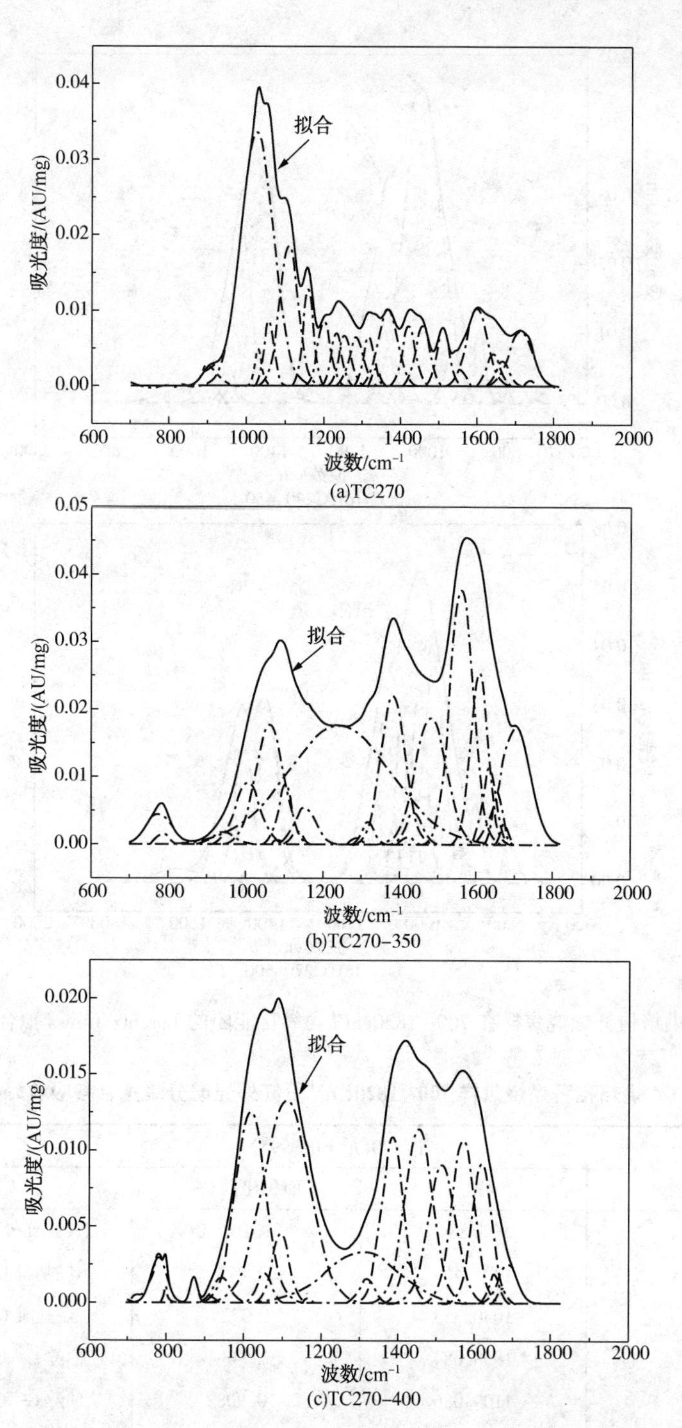

图 3-3 烘焙秸秆燃烧焦样在 700~1820cm^{-1} 含氧官能团的 Lorentz/Gauss 拟合曲线

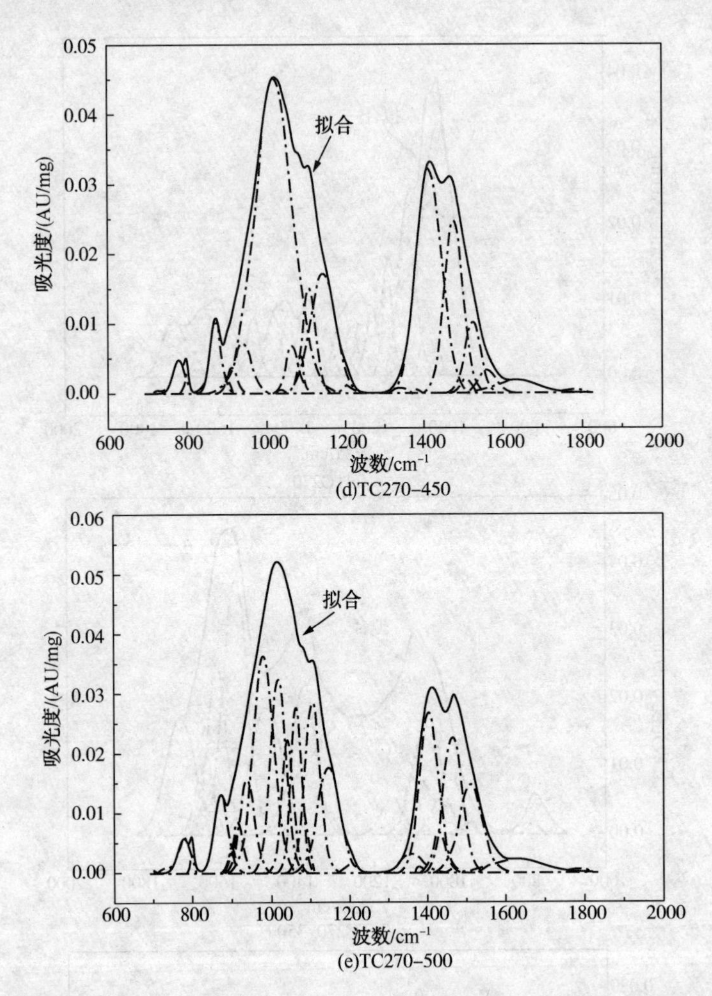

(d)TC270-450

(e)TC270-500

图 3-3　烘焙秸秆燃烧焦样在 700～1820cm^{-1}含氧官能团的 Lorentz/Gauss 拟合曲线(续)

表 3-1　烘焙秸秆燃烧焦样 700～1820cm^{-1}段红外光谱分峰拟合各吸收峰参数 1

TC270(R^2=0.9995)			
峰	峰位	面积比例/%	归属
1	906.884	1.163	CH 面外变形振动
2	1027.469	33.878	烷基醚 C—O 振动
3	1030.353	1.072	烷基醚 C—O 振动
4	1058.084	2.543	伯醇 C—O 变形振动
5	1109.086	10.908	仲醇 C—O 变形振动
6	1160.302	4.205	苯酚醚 C—O 变形振动

续表

TC270(R^2 = 0.9995)			
峰	峰位	面积比例/%	归属
7	1201.803	3.507	苯酚醚 C—O 变形振动
8	1232.903	2.322	苯酚醚 C—O 变形振动
9	1255.822	2.570	芳基醚 C—O 变形振动
10	1285.127	2.913	芳基醚 C—O 变形振动
11	1317.117	2.156	芳基醚 C—O 变形振动
12	1336.779	0.526	芳基醚 C—O 变形振动
13	1367.294	6.088	Ar—CH_3 变形伸缩振动
14	1421.700	3.235	Ar—CH_3 变形伸缩振动
15	1457.650	3.572	CH_3 反对称伸缩振动
16	1511.206	2.967	芳香 C=C 伸缩振动
17	1541.380	0.210	芳香 C=C 伸缩振动
18	1556.473	0.697	芳香 C=C 伸缩振动
19	1599.750	6.702	芳香 C=C 伸缩振动
20	1641.912	1.819	共轭 C=O 振动
21	1666.613	1.371	共轭 C=O 振动
22	1713.673	5.397	羧酸 C=O 振动
23	1738.807	0.187	羧酸 C=O 振动

TC270-350(R^2 = 0.9998)			
峰	峰位	面积比例/%	归属
1	775.565	1.699	CH 面外变形振动
2	786.675	0.267	CH 面外变形振动
3	944.226	0.605	羧酸中 O—H 振动
4	1006.166	3.558	烷基醚 C—O 振动
5	1061.806	7.671	伯醇 C—O 变形振动
6	1082.189	0.064	仲醇 C—O 变形振动
7	1102.624	2.035	仲醇 C—O 变形振动
8	1133.820	0.335	苯酚醚 C—O 变形振动
9	1154.677	1.803	苯酚醚 C—O 变形振动
10	1164.521	0.013	苯酚醚 C—O 变形振动
11	1242.992	28.832	苯酚醚 C—O 变形振动
12	1288.915	0.141	芳基醚 C—O 变形振动

续表

TC270-350($R^2=0.9998$)			
峰	峰位	面积比例/%	归属
13	1318.598	0.619	芳基醚 C—O 变形振动
14	1383.017	8.409	Ar—CH_3 变形伸缩振动
15	1423.648	0.175	Ar—CH_3 变形伸缩振动
16	1437.723	1.229	CH_3 反对称伸缩振动
17	1481.868	9.425	CH_3 反对称伸缩振动
18	1562.700	13.894	芳香 C ═C 伸缩振动
19	1608.567	6.974	芳香 C ═C 伸缩振动
20	1635.134	2.400	共轭 C ═O 振动
21	1656.166	1.212	共轭 C ═O 振动
22	1673.685	0.362	共轭 C ═O 振动
23	1702.656	8.281	羧酸 C ═O 振动

表 3-2　烘焙秸秆燃烧焦样 700~1820cm^{-1}段红外光谱分峰拟合各吸收峰参数 2

TC270-400($R^2=0.9998$)			
峰	峰位	面积比例/%	归属
1	781.2167	1.616	CH 面外变形振动
2	799.1797	0.134	CH 面外变形振动
3	871.7542	0.428	CH 面外变形振动
4	912.7952	0.121	CH 面外变形振动
5	943.5759	0.950	羧酸中 O—H 振动
6	1018.272	13.075	烷基醚 C—O 振动
7	1052.68	0.902	伯醇 C—O 变形振动
8	1085.845	0.126	仲醇 C—O 变形振动
9	1095.428	2.779	仲醇 C—O 变形振动
10	1110.496	21.625	仲醇 C—O 变形振动
11	1165.974	0.036	苯酚醚 C—O 变形振动
12	1284.673	0.064	酚醚 C—O 变形振动
13	1307.441	8.796	酚醚 C—O 变形振动
14	1320.687	0.822	酚醚 C—O 变形振动
15	1385.849	8.672	Ar—CH_3 变形伸缩振动
16	1423.465	1.372	Ar—CH_3 变形伸缩振动

续表

TC270-400(R^2 =0. 9998)			
峰	峰位	面积比例/%	归属
17	1454. 601	11. 443	CH_3 反对称伸缩振动
18	1515. 011	8. 838	芳香族 C ═C 伸缩振动
19	1570. 619	8. 790	芳香族 C ═C 伸缩振动
20	1619. 141	6. 690	芳香族 C ═C 伸缩振动
21	1652. 131	0. 701	共轭 C ═O 振动
22	1671. 776	0. 271	共轭 C ═O 振动
23	1686. 819	1. 747	共轭 C ═O 振动
TC270-450(R^2 =0. 9998)			
峰	峰位	面积比例/%	归属
1	779. 479	1. 275	CH 面外变形振动
2	799. 402	0. 249	CH 面外变形振动
3	871. 961	2. 486	CH 面外变形振动
4	899. 658	0. 290	CH 面外变形振动
5	913. 246	0. 769	CH 面外变形振动
6	939. 563	2. 825	羧酸中 O—H 振动
7	1019. 129	38. 558	烷基醚 C—O 振动
8	1035. 173	0. 050	烷基醚 C—O 振动
9	1064. 340	1. 916	伯醇 C—O 变形振动
10	1084. 474	0. 877	仲醇 C—O 变形振动
11	1108. 183	4. 416	仲醇 C—O 变形振动
12	1142. 960	9. 746	苯酚醚 C—O 变形振动
13	1204. 567	0. 234	苯酚醚 C—O 变形振动
14	1337. 811	0. 226	酚醚 C—O 变形振动
15	1379. 362	0. 048	Ar—CH_3 变形伸缩振动
16	1413. 355	18. 407	Ar—CH_3 变形伸缩振动
17	1476. 090	10. 600	CH_3 反对称伸缩振动
18	1505. 025	0. 452	芳香族 C ═C 伸缩振动
19	1523. 954	3. 616	芳香族 C ═C 伸缩振动
20	1561. 272	1. 263	芳香族 C ═C 伸缩振动
21	1635. 452	1. 699	共轭 C ═O 振动

表 3-3　烘焙秸秆燃烧焦样 700~1820cm^{-1}段红外光谱分峰拟合各吸收峰参数 3

TC270-500（R^2=0.9998）			
峰	峰位	面积比例/%	归属
1	778.680	1.513	CH 面外变形振动
2	799.213	0.238	CH 面外变形振动
3	872.682	3.550	CH 面外变形振动
4	899.642	0.564	CH 面外变形振动
5	914.396	1.692	CH 面外变形振动
6	937.900	4.590	羧酸中 O—H 振动
7	979.853	15.391	烷基醚 C—O 振动
8	1017.324	10.482	烷基醚 C—O 振动
9	1041.147	5.358	烷基醚 C—O 振动
10	1063.530	6.339	伯醇 C—O 变形振动
11	1083.584	1.679	仲醇 C—O 变形振动
12	1105.075	8.789	仲醇 C—O 变形振动
13	1147.033	7.881	苯酚醚 C—O 变形振动
14	1203.387	0.269	苯酚醚 C—O 变形振动
15	1360.828	1.362	酚醚 C—O 变形振动
16	1379.004	0.098	Ar—CH_3 变形伸缩振动
17	1403.406	10.292	Ar—CH_3 变形伸缩振动
18	1429.900	1.696	μas. CH_3—，CH_2—
19	1465.668	8.746	μas. CH_3—，CH_2—
20	1467.152	0.054	μas. CH_3—，CH_2—
21	1510.179	6.867	芳香 C═C 伸缩振动
22	1568.314	0.371	芳香 C═C 伸缩振动
23	1630.450	2.177	共轭 C═O 振动

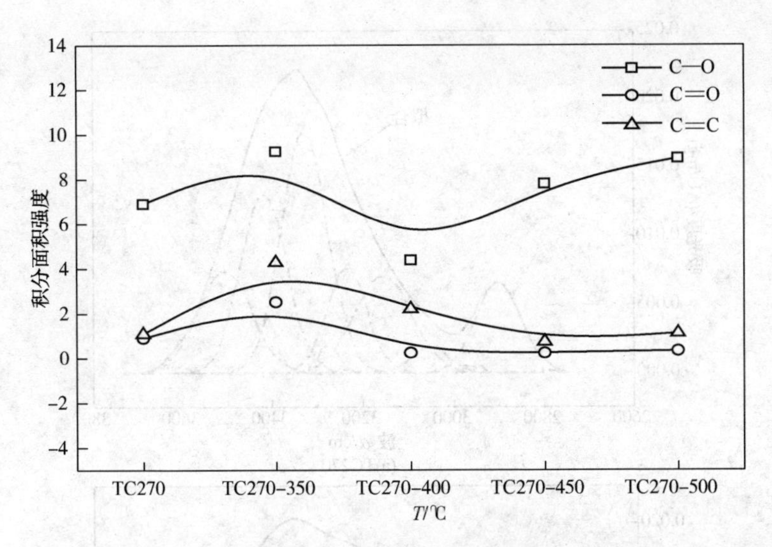

图 3-4 700~1820cm^{-1}段各温度焦样中主要官能团面积强度变化趋势

由表 3-1~表 3-3 可以看到，700~1820cm^{-1}分峰拟合结果中各个官能团归属峰强度随着温度的变化而不同。各子峰面积的百分含量表示相应官能团相对含量。在烘焙焦样和各温度下焦样中，该波普范围内相对含量较多的均为 C—OH（醇、酚和醚）键，依次占到 66.6%、45.07%、48.23%、56.02%、57.55%，C═O键以及芳香族 C—H 面外振动含量较少。在 350℃及以上温度焦样逐渐分解出羧羟基的(羧基中 O—H)吸收振动峰，但是含量相对较少，本研究中羧酸以C═O含量作为主要表征指标，故羧羟基不作主要考察。700~1820cm^{-1}内红外光谱主要包含—CH_3/—CH_2—的伸缩、变形以及非对称振动吸收峰具体含量可以参见表中拟合的结果。700~900cm^{-1}波谱为芳香核上 H 面外变形振动，从表中拟合数据来看各焦中该官能团变化趋势与温度变化保持一致，在逐渐增多。

3.1.3.2 2750~3700cm^{-1}波段内分峰拟合

与红外光谱 700~1820cm^{-1}波段分析方法类似，可由光谱在 2750~3700cm^{-1}波段主要归属—OH、C—H 键以及二阶导数，将该段光谱分峰解叠出 16 个适宜峰，并将解叠出的曲线绘于图 3-5 中，分峰的拟合参数及归属列于表 3-4~表 3-6[123,124]。

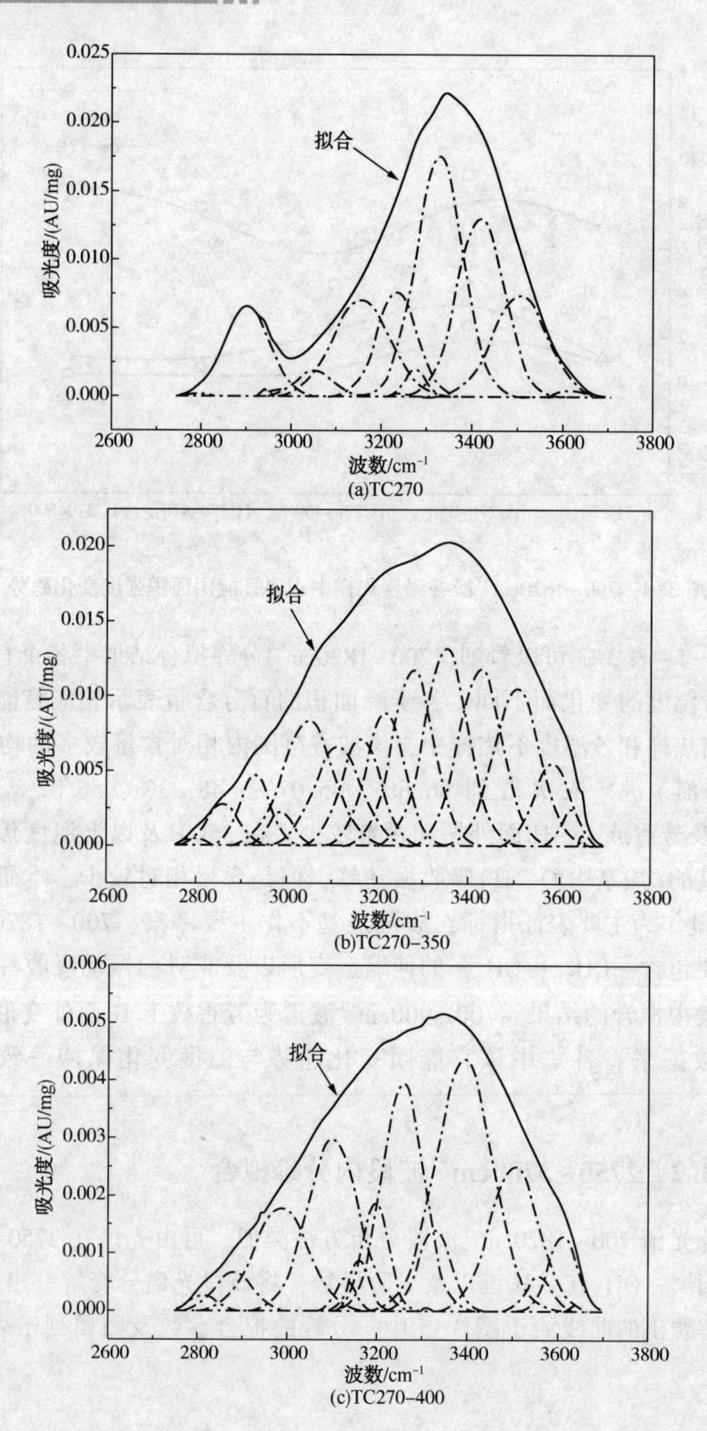

图 3-5　烘焙秸秆燃烧焦样在 2750~3700cm^{-1}含氧官能团的 Lorentz/Gauss 拟合曲线

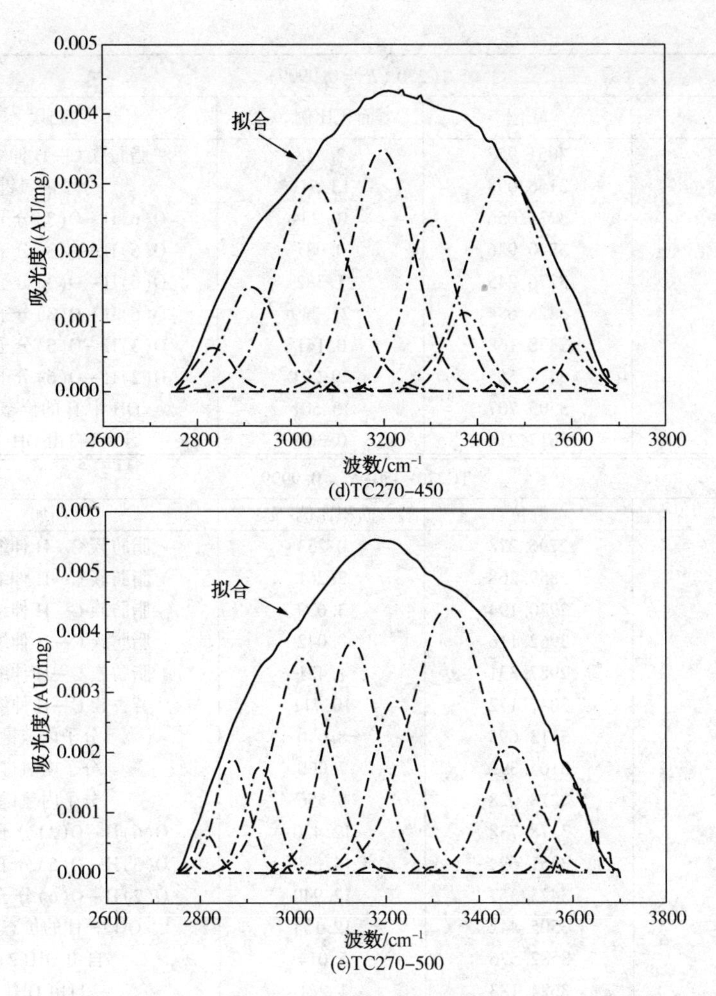

图 3-5　烘焙秸秆燃烧焦样在 2750~3700cm^{-1}含氧官能团的 Lorentz/Gauss 拟合曲线(续)

表 3-4　烘焙秸秆燃烧焦样 2750~3700cm^{-1}段红外光谱分峰拟合各吸收峰参数 1

TC270 (R^2 = 0.9999)			
峰	峰位	面积比例/%	归属
1	2797.174	0.094	脂肪族 C—H 伸缩振动
2	2901.426	9.941	脂肪族 C—H 伸缩振动
3	2941.556	0.129	脂肪族 C—H 伸缩振动
4	2967.624	0.150	脂肪族 C—H 伸缩振动
5	3000.658	0.555	脂肪族 C—H 伸缩振动

续表

TC270（R^2=0.9999）			
峰	峰位	面积比例/%	归属
6	3051.958	2.348	脂肪族 C—H 伸缩振动
7	3156.098	13.541	分子内氢键
8	3235.056	10.234	O(6)H—O(3)分子间氢键
9	3240.936	0.087	O(6)H—O(3)分子间氢键
10	3276.245	1.382	O(6)H—O(3)分子间氢键
11	3328.684	27.239	O(6)H—O(3)分子间氢键
12	3338.168	0.141	O(3)H—O(5)分子内氢键
13	3418.555	20.291	O(2)H—O(6)分子内氢键
14	3505.707	13.501	OH 中 H 的价态振动
15	3617.214	0.367	自由 OH

TC270-350（R^2=0.9999）			
峰	峰位	面积比例/%	归属
1	2796.278	0.253	脂肪族 C—H 伸缩振动
2	2859.268	2.261	脂肪族 C—H 伸缩振动
3	2930.194	3.629	脂肪族 C—H 伸缩振动
4	2962.116	0.042	脂肪族 C—H 伸缩振动
5	2987.331	1.421	脂肪族 C—H 伸缩振动
6	3047.172	10.711	芳香族 C—H 伸缩振动
7	3113.693	8.010	分子内氢键
8	3164.392	7.000	分子内氢键
9	3218.028	8.556	分子内氢键
10	3278.738	12.430	O(6)H—O(3)分子间氢键
11	3351.694	14.289	O(3)H—O(5)分子内氢键
12	3425.357	12.940	O(2)H—O(6)分子内氢键
13	3505.442	12.154	OH 中 H 的价态振动
14	3582.576	5.014	自由 OH(2)
15	3624.183	1.221	自由 OH
16	3649.077	0.068	自由 OH

表 3-5　烘焙秸秆燃烧焦样 2750~3700cm^{-1}段红外光谱分峰拟合各吸收峰参数 2

TC270-400（R^2=0.9997）			
峰	峰位	面积比例/%	归属
1	2814.09	0.694	脂肪族 C—H 伸缩振动
2	2881.82	2.516	脂肪族 C—H 伸缩振动
3	2942.022	0.019	脂肪族 C—H 伸缩振动
4	2986.957	9.840	脂肪族 C—H 伸缩振动
5	3102.764	15.387	分子内氢键
6	3130.731	1.106	分子内氢键
7	3161.265	1.778	分子内氢键
8	3196.943	5.061	分子内氢键

续表

TC270-400 (R^2=0.9997)			
峰	峰位	面积比例/%	归属
9	3256.834	16.447	O(6)H—O(3)分子间氢键
10	3310.499	0.037	O(6)H—O(3)分子间氢键
11	3328.964	4.620	O(6)H—O(3)分子间氢键
12	3392.336	24.847	O(2)H—O(6)分子内氢键
13	3504.668	12.263	OH 中 H 的价态振动
14	3558.142	1.524	自由 OH(2)
15	3610.41	3.755	自由 OH
16	3639.567	0.106	自由 OH
TC270-450 (R^2=0.9993)			
峰	峰位	面积比例/%	归属
1	2835.005	2.385	脂肪族 C—H 伸缩振动
2	2916.935	8.007	脂肪族 C—H 伸缩振动
3	3049.178	22.038	芳香族 C—H 伸缩振动
4	3074.345	0.179	芳香族 C—H 伸缩振动
5	3117.378	0.533	分子内氢键
6	3159.59	0.062	分子内氢键
7	3197.134	21.996	分子内氢键
8	3238.903	0.033	O(6)H—O(3)分子间氢键
9	3278.649	0.033	O(6)H—O(3)分子间氢键
10	3302.17	12.807	O(6)H—O(3)分子间氢键
11	3376.137	4.584	O(6)H—O(3)分子间氢键
12	3406.913	0.043	O(2)H—O(6)分子内氢键
13	3434.568	0.072	O(2)H—O(6)分子内氢键
14	3461.502	24.184	OH 中 H 的价态振动
15	3555.014	1.038	自由 OH(2)
16	3613.273	2.008	自由 OH

表 3-6 烘焙秸秆燃烧焦样 2750~3700cm⁻¹ 段红外光谱分峰拟合各吸收峰参数 3

TC270-500(R^2=0.9992)			
峰	峰位	面积比例/%	归属
1	2780.338	0.224	脂肪族 C—H 伸缩振动
2	2812.777	1.151	脂肪族 C—H 伸缩振动
3	2867.698	5.122	脂肪族 C—H 伸缩振动
4	2930.898	4.594	脂肪族 C—H 伸缩振动
5	2973.147	0.160	芳香族 C—H 伸缩振动
6	2997.106	0.085	芳香族 C—H 伸缩振动
7	3017.569	16.665	分子内氢键
8	3127.524	16.463	分子内氢键
9	3169.094	0.138	分子内氢键
10	3218.318	11.073	O(6)H—O(3) 分子间氢键
11	3271.393	0.093	O(6)H—O(3) 分子间氢键
12	3301.178	0.072	O(6)H—O(3) 分子间氢键

续表

TC270-500(R^2=0.9992)			
峰	峰位	面积比例/%	归属
13	3336.425	28.546	O(3)H—O(5)分子内氢键
14	3468.019	9.223	O(2)H—O(6)分子内氢键
15	3529.153	2.518	OH 中 H 的价态振动
16	3551.962	0.057	OH 中 H 的价态振动
17	3566.481	0.077	自由 OH
18	3597.598	3.738	自由 OH

红外光谱在 2750~3700cm^{-1}内，主要包含有脂肪族与芳香族 C—H 伸缩振动，醇、酚、羧酸等羟基 O-H 伸缩振动以及分子内和分子间的氢键。通过对比两波段分峰拟合结果发现，在该波普范围内面积吸收峰强度明显要弱与同温度焦样中 700~1820cm^{-1}，说明随着燃烧反应的进行 C—O—C/C═C 键要比 C—H/O—H 键稍稳定。在 3100~3700cm^{-1}范围内分子内氢键含量要多于羟基含量，这主要与物质结构和氢键成因有关系。羟基(—OH)存在的形式有三种分别为自由羟基、OH 形成分子内氢键羟基以及 OH 形成分子间氢键，不同温度焦样中分子间氢键含量最多，分子内次之，自由羟基含量最少。

3.2 焦样 X 射线光电子能谱分析

3.2.1 焦样 X 射线光电子能谱分析谱图分析

X 射线光电子能谱分析(XPS)是一项用于表征与木材界面相关表面化学成分重要技术[78-80]。玉米秸秆与木材成分相似，主要是由半纤维素、纤维素、木质素构成，且均由 O、C 元素构成其重要组成部分。因此，XPS 也可以用于秸秆表面相关的化学结构分析。

图 3-6 给出了烘焙玉米秸秆及其不同燃烧终温下焦 XPS 测量的光谱图。从图 3-6(a)中可以观察到，烘焙玉米秸秆表面在约 284eV 与 532eV 处呈现出很明显 C1s、O1s 峰。伴随着燃烧反应的进行，O1s 峰随燃烧温度的上升出现先上升而后在 450℃以后趋于常数的变化；C1s 峰在 350℃前变化不是非常明显，之后骤减基本观察不到；XPS 图谱逐步显示出其他元素峰，但是含量甚少。

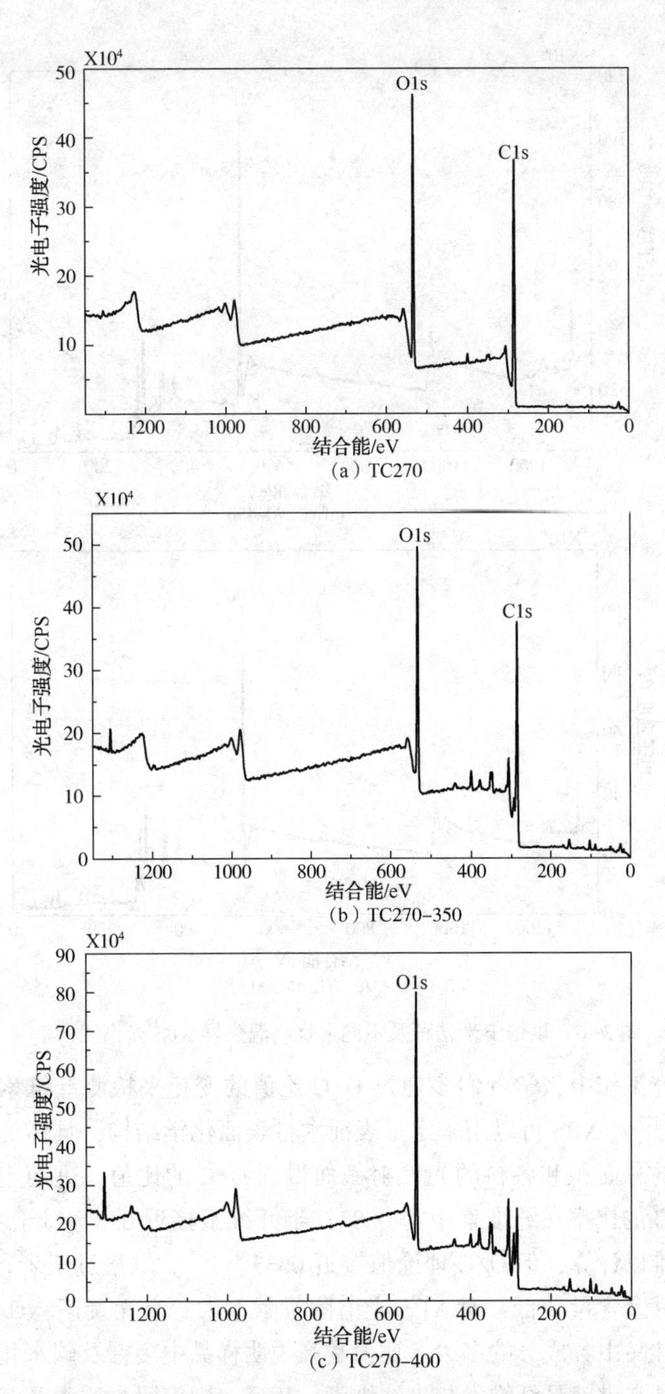

图 3-6　烘焙玉米秸秆及不同燃烧终温焦样 XPS 光谱图

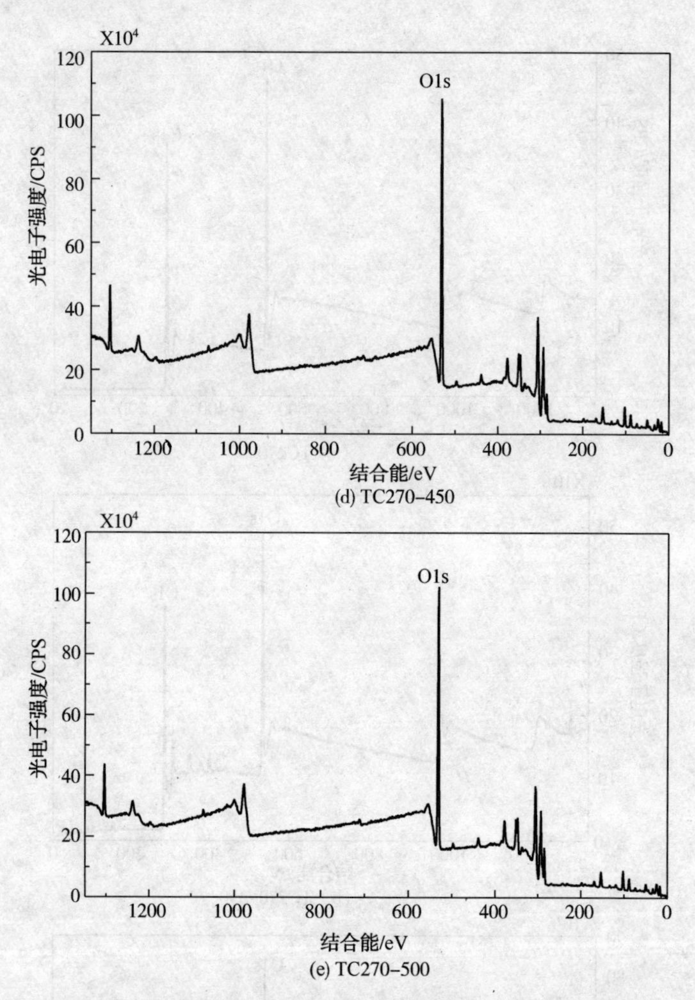

图 3-6　烘焙玉米秸秆及不同燃烧终温焦样 XPS 光谱图(续)

前人研究工作中，学者们多通过 O/C 比值的变化来检测纤维素材料和聚合物的降解[125-127]。XPS 可以用来定量表征木材表面化学结构，具体的做法是利用不同组分峰的总面积和各自的光发射截面得到 O/C 的比值，进而定量分析。一般来讲，O/C 的比率在纤维素中为 0.83，半纤维素接近 0.8。对于木质素来讲，其结构复杂难以计算，但 O/C 理论值接近 0.33[82,125]。烘焙过玉米秸秆除以上 3 种成分外，其余含量较低，对 XPS 光谱图贡献不大。毫无疑问，O/C 的值的大小能够反映样品中各成分的多少。比值越高说明样品中多糖及碳水化合物占比越大，对于秸秆来讲就是纤维素与半纤维素。相反，则表明木质素及其他物质成为样品主要组成部分。烘焙玉米秸秆及其燃烧后焦样品中 O/C 比值的变化列于

表 3-7中，并将其变化趋势的散点图绘于图 3-7。

表 3-7　烘焙玉米秸秆及不同燃烧终温焦样 XPS 光谱参数汇总

样品	O/C	组分/%				组分/%	
		C_1	C_2	C_3	C_4	O_1	O_2
TC270	0.34	55.82	33.53	7.10	3.55	18.29	81.71
TC270-350	0.43	69.89	16.20	5.83	8.08	73.85	26.15
TC270-400	1.1	61.74	17.55	10.46	10.25	81.75	18.25
TC270-450	3.5	51.98	5.79	1.60	40.63	100.00	
TC270-500	2.73	63.88	5.60	3.00	27.52	100.00	

从图 3-7 中可以清楚地看到，随着燃烧终温的上升，烘焙玉米秸秆燃烧产物 O/C 比值逐渐由开始的 0.34 升到 3.5，500℃时下降到 2.73。烘焙秸秆经 350℃燃烧后表面 O/C 比涨幅不大，由 0.34 变化为 0.43；350~450℃焦表面 O/C 比值增长迅速，并于 400℃超过 1。烘焙玉米秸秆及燃烧焦表面 O/C 比值变化情况与前人研究结果有所不同，主要与样品、热处理的方式及温度等因素有关。

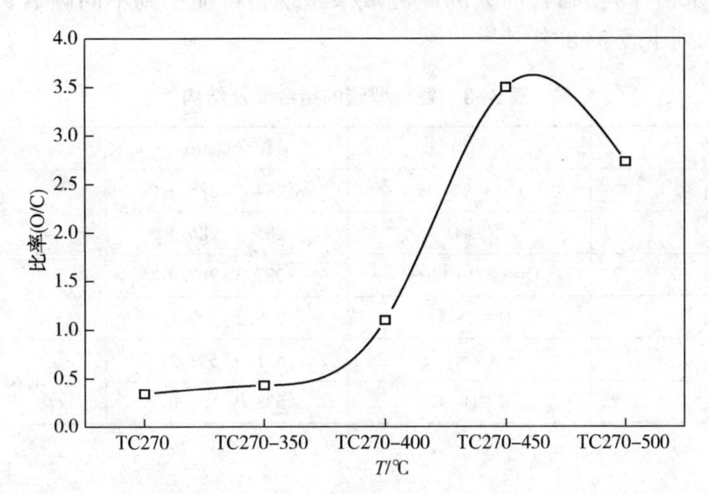

图 3-7　焙玉米秸秆及不同燃烧终温焦样中 O/C 随温度变化情况

350℃下烘焙玉米秸秆燃烧处于挥发分析出与燃烧阶段，并伴随着热解反应的进行。秸秆经 270℃烘焙后，样品中所含半纤维素与纤维素经热解后部分析出，滞留在焦中的物质发生热解燃烧反应。随着燃烧反应的进行，开始一些小分子残余物：碳水化合物、单糖碎片等析出，达到着火点后生成气相燃烧产物。火焰温度促进了烘焙秸秆中剩余物质的热解，并在焦的表面发生一定程度的氧化，因此可以看到 350℃燃烧前后焦表面 O/C 比值有轻微的增加。

烘焙玉米秸秆在350~400℃挥发分继续析出并燃烧，随后燃烧速率逐渐降低进入过渡段，直至挥发燃烧殆尽。达到450℃时，O_2通过表面扩散到内部与已形成的焦炭发生反应。处于这一阶段燃烧反应剧烈，烘焙秸秆表面氧化程度大，焦炭不断形成与燃烧。因此可以简单推断出350~450℃，O/C比值骤然增加原因在于，焦表面氧含量增加的同时碳含量在减少，且随温度升高焦炭燃烧的更加剧烈。450℃至500℃焦炭燃烧趋于殆尽，焦中其余成分被氧化程度弱于之前焦炭燃烧，故O/C比值变小。

3.2.2　焦样X射线光电子能谱分析谱图分峰拟合方法

由于不同元素在不在同价态下结合能不同，X射线电子能谱图以原子内电子的结合能作区分，故可基于此原理利用Casa XPS专业分析软件对焦样测试获得的碳、氧谱图进行分峰拟合。曲线拟合过程中，选用Shirley模式进行背底扣除，同时采用70%高斯与30%洛伦兹的混合线型，拟合过程中只有拟合峰的振幅是可以变化的，以便与XPS实验数据获得最佳的拟合效果。根据本书研究对象生物质材料(玉米秸秆)，结合前人的研究成果，现将可能用到不同碳氧官能团的结合能及结构列于表3-8中[83,125,128]。

表3-8　各类型碳的结合能及结构

峰	氧的类型	结合能/eV	半高宽/eV
C_1	C—C/C—H	284.1~285.3	1.3(±0.2)
C_2	C—O	285.9~286.3	
C_3	C═O/O—C—O	287.3~287.9	
C_4	O═C—O	288.2~289.1	
O_1	C═O	531.0~532.2	1.6(±0.2)
O_2	C—O—C	533.0~534.0	

3.2.3　焦样表面含氧官能团XPS分析

3.2.3.1　C1s峰

由3.3.2节可知XPS C1s精细能谱图经分峰处理后得到不同位置峰，秸秆焦样解叠结果绘于图3-8、解叠数据列于表3-9。Inari等[125]通过XPS分析木材热处理后化学成分，认为C_1峰对应于木质素、半纤维素和萃取物(如脂肪酸)中存在的与碳相连的C—C，以及木质素和萃取物中C—H；而C_2峰组分对应于木质素—OCH基团和木材中连接萃取物与多糖的C—O—C键。Ahmed等[129]和Kamdem等[130]研究表明，碳水化合物只对C_2和C_3峰有贡献，C_1主要源于木质素和萃取物。

表3-9　烘焙玉米秸秆及不同燃烧终温焦样XPS C1s高清谱解叠参数汇总

碳的类型	结合能/eV	面积比例/%	碳的类型	结合能/eV	面积比例/%
	TC270			TC270-350	
C_1	284.69	55.82	C_1	284.80	69.89
C_2	286.36	33.53	C_2	286.36	16.20
C_3	287.86	7.10	C_3	287.86	5.83
C_4	288.94	3.55	C_4	288.79	8.08
	TC270-400			TC270-450	
C_1	284.78	61.74	C_1	284.82	51.98
C_2	286.27	17.55	C_2	286.03	5.79
C_3	288.20	10.46	C_3	288.78	1.60
C_4	289.58	10.25	C_4	289.47	40.63
	TC270-500				
C_1	284.74	63.88			
C_2	285.75	5.60			
C_3	288.60	3.00			
C_4	289.37	27.52			

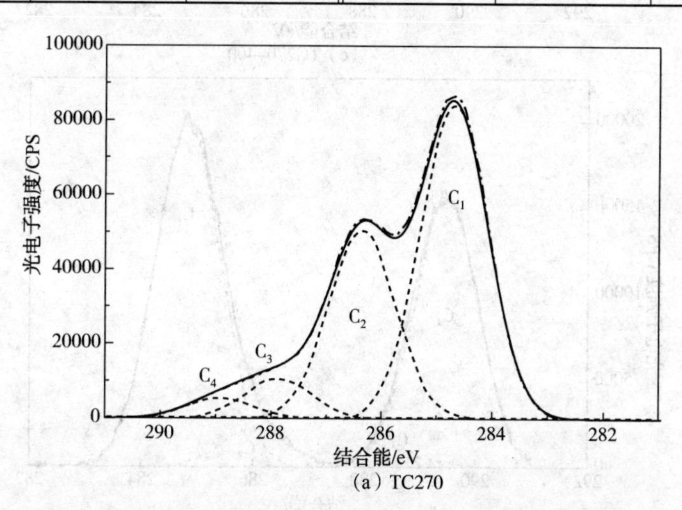

(a) TC270

图3-8　烘焙玉米秸秆及燃烧焦XPS C1s高分辨率谱图解叠

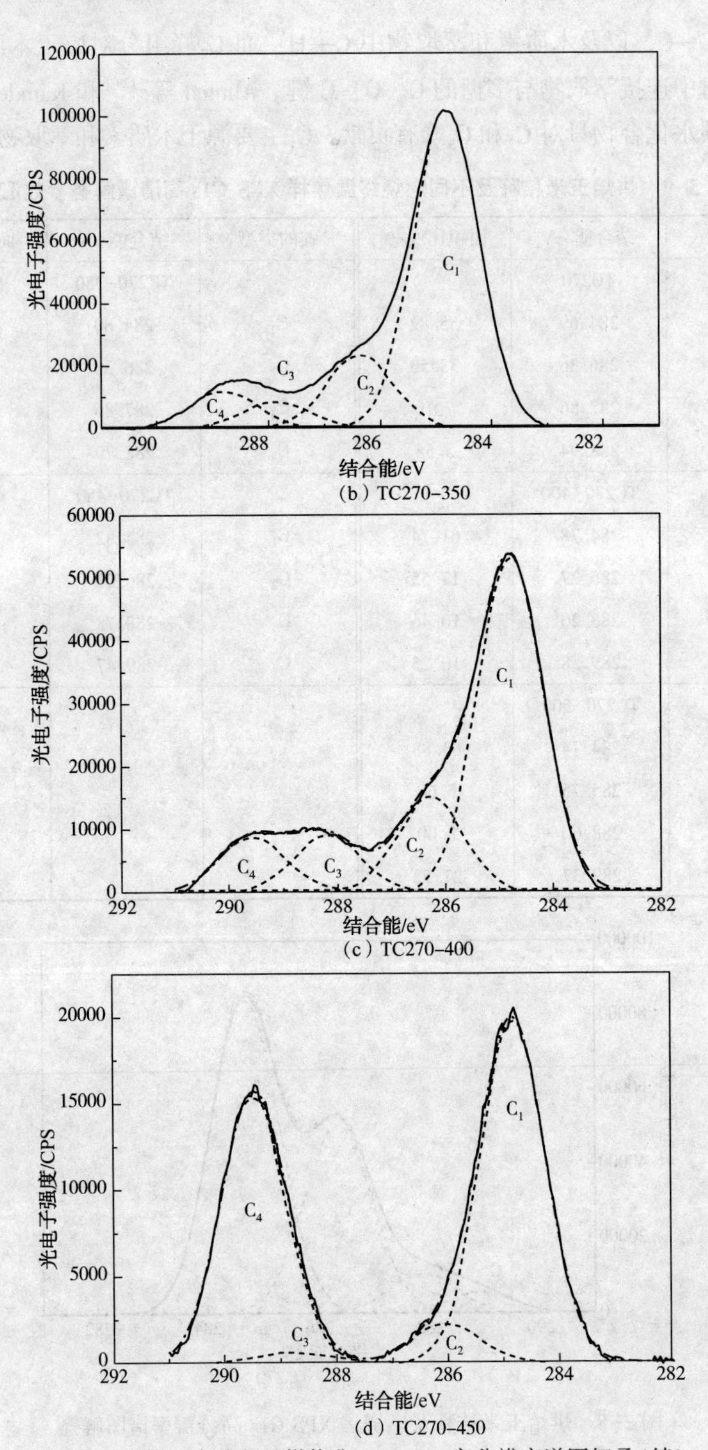

图 3-8 烘焙玉米秸秆及燃烧焦 XPS C1s 高分辨率谱图解叠(续)

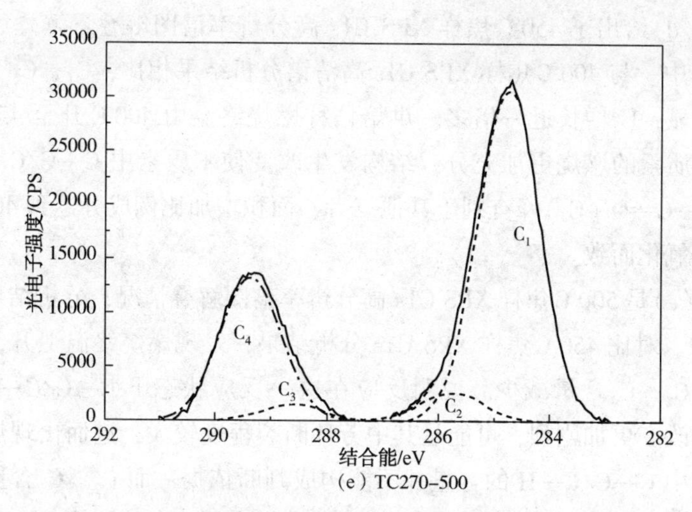

图 3-8　烘焙玉米秸秆及燃烧焦 XPS C1s 高分辨率谱图解叠(续)

350℃焦样 XPS C1s 高分辨率谱图解叠绘于图 3-8(b)。如前文所述，350℃下主要是挥发分析出与燃烧并伴随着热解反应。由于纤维素对 C_2组分的贡献远大于木质素，而 C_1组分对纤维素的贡献可以忽略不计，所以 C_1组分与木材表面木质素的存在有关，而 C_2组分主要来源于纤维素和半纤维素[131]。在 350℃焦表面分析结果中，C_1、C_4含量增多而 C_2、C_3含量减少，主要是因为纤维素与半纤维素分解而产生结构的改变所致。与该温度段下 ATR-FTIR 光谱图变化结果相吻合，这里不再赘述。表 3-9 中可以清楚地看到，350℃焦样中 C_1占到了将近 70%、C_2在 16%左右。说明在该温度下，热反应产生了大量的烷烃链，破碎残缺的烷烃化合物占有很大比重。C_2存在则表明焦中仍残留有未分解完全的碳水化合物。从 C_3、C_4含量可以看到烘焙玉米秸秆经燃烧后，存留在焦中 C═O 含量甚少。

400℃焦样 XPS C1s 高分辨率谱图解叠如图 3-8(c)所示。表 3-9 中给出解叠后的各个部分的面积以及对应的比例数据，可以看出，C_1含量最多约有 61.7%，C_2、C_3、C_4分别为 17.55%、10.46%、10.25%。相比于 350℃焦 XPS 分析结果，不难发现峰面积除 C_3增加外其余均在减少，所含比例除 C_1减少外均在增加。C_1峰面积减少说明烘焙玉米秸秆伴随着燃烧终温的升高，C—C/C—H 含量在减少对应于 ATR-FTIR 光谱中表征—CH_2/—CH_3特征吸收峰减弱，峰面积 $A_{1520-1350\,cm^{-1}}$减小[图 3-2(b)]。C_2峰面积减少对应于糖苷键 C—O—C 的断裂，及羟基氧剥离而导致的 C—O 键断裂。各成分比例的变化说明，烷烃链反应消耗掉的 C—C/C—H 要明显多于焦样残留物中碳氧键断裂。

图3-8(d)给出了450℃焦样XPS C1s高分辨率谱图解叠，解叠后各峰参数列于表3-9中。与400℃焦样XPS C1s高清谱分析结果相比，C_1、C_2、C_3峰面积减少非常明显，C_4增长近一倍多。烘焙秸秆燃烧终温由400℃升至450℃后，在这一阶段木质素的燃烧更加充分，结构发生改变使木质素中C—C/C—H(C_1)断裂减少。O—C═O (C_4)峰有别于其他三者，面积增加比例成分达到40.62%，考虑是羟甲基氧化而致。

图3-8(e)是500℃焦样XPS C1s高分辨率谱图解叠情况，分析结果同样也列于表3-9中。对比450℃焦样XPS C1s分析结果，发现燃烧终温上升，C_1、C_3峰含量增加，C_2、C_4含量减少。说明反应在这一反应状态下C—C/C—H在增加，木质素结构改变更加剧烈，可能是其中芳环断裂程度较大，进而出现烷基等。但是此时焦样中C—C/C—H的含量并不能构成判断依据。而C_2、C_3含量在这两个温度段内含量不是太多，它们主要反映纤维素与半纤维素的结构变化，因此在这里不作太多考虑。O—C═O (C_4)继续增加，说明氧化在继续发生。

解叠后四个碳峰的位置随着燃烧终温变化而有所变动，将各峰面积以图像的形式绘制于图3-9中。随温度变化，不同温度下焦中各部分含量趋势各不相同，除C_2减少外其余峰均在波动。从表3-9中可以看到，C_1一直占有超过50%的比例。350℃ 以上焦中C_4占比逐渐增大，仅低于C_1。350℃焦与烘焙秸秆焦相比：C_1(C—C/C—H)、C_4(O═C—O)含量增加，C_2(C—O)、C_3(C═O/O—C—O)含量减少。350~450℃焦表面C_1、C_2明显减少，C_3先增后减，C_4与C_3变化恰好相反。当温度上升到500℃时，除C_4减少外其余变化不大。

3.2.3.2 O1s峰

木质材料XPS O1s精细光谱分析并没有C1s完善，主要是O1s有复杂的位移行为[131]。因此O1s峰的分析只作为参考，不作为主要判断依据。Hua等[132]研究发现O_1成分结合能位于(531.6±0.6)eV，主要与木质素相关联。O_1的增加表明纤维表面碳水化合物减少，木质素和萃取物增加。Koubaa等[131]则观察到，高温处理能除去纤维表面的木质素，致使O_1面积分数变小，O_2增大。也研究有报道，C═O官能团中O1s的结合能(BE)在531.4~532.3eV，而C—O—C的指纹区在533.0~534.0eV出现。然而，在木材中存在水是很有可能的，并且也会在533.0~533.5eV产生信号。木材样品的O1s峰的归属已经被一些研究讨论过，可以作为本书的参考标准[81,132-133]。

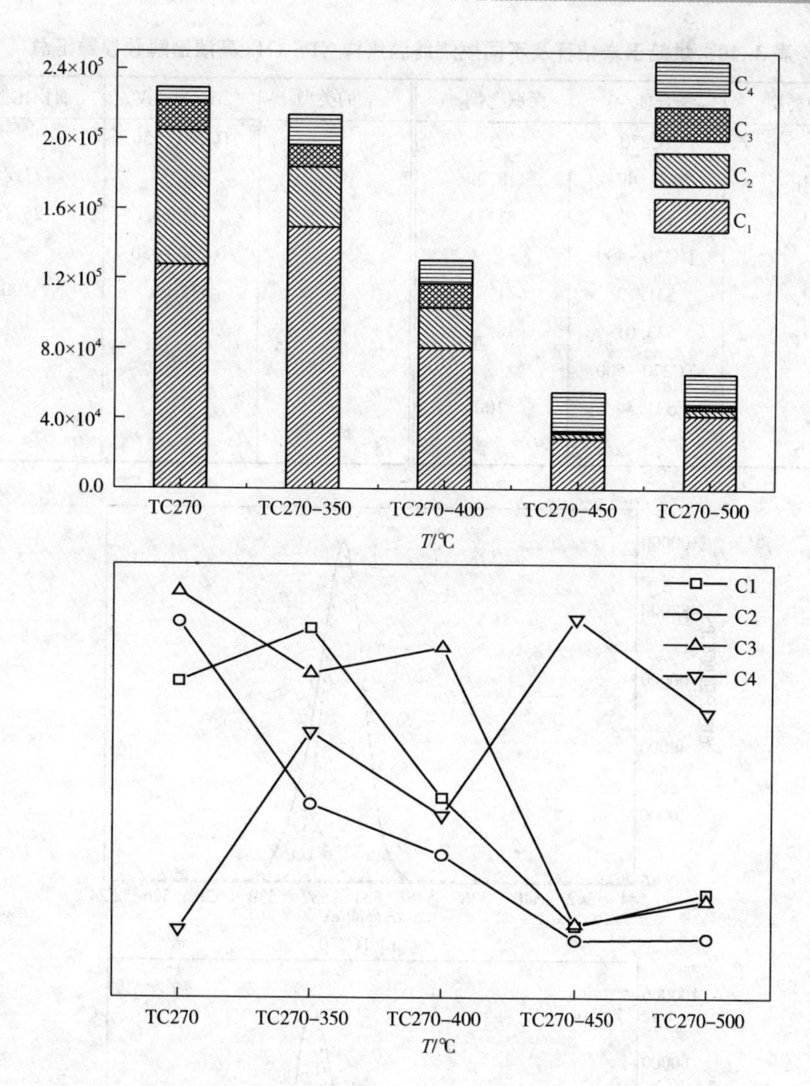

图 3-9　烘焙玉米秸秆及燃烧焦 XPS C1s 高分辨率谱图解叠面积统计

焦样高分辨率 XPS O1s 扫描谱分峰拟合后可解叠出 O_1、O_2两部分，结果绘于图 3-10、表 3-10。表 3-10 给出了 O_1、O_2结合能的具体位置，531.44~531.75eV 为 O_1部分，533.01~533.64eV 归 O_2。O_1、O_2的结合能与文献报道的木质材料的结合能基本一致[83,133]。从表 3-10 来看，随着燃烧终温的上升，O_1相对含量由原来小于 20%含量逐步增到 100%，O_2则一直减少，在 450℃以后消失不见，并且还能清楚地观察到两子峰的位置有轻微波动。

表 3-10　烘焙玉米秸秆及不同燃烧终温焦样 XPS O1s 高清谱解叠参数汇总

氧的类型	结合能/eV	面积比例/%	氧的类型	结合能/eV	面积比例/%
	TC270			TC270~350	
O_1	531.49	18.29	O_1	531.75	73.85
O_2	533.03	81.71	O_2	533.64	26.15
	TC270~400			TC270~450	
O_1	531.73	81.75	O_1	531.65	100
O_2	533.01	18.25	O_2		
	TC270~500				
O_1	531.44	100			
O_2					

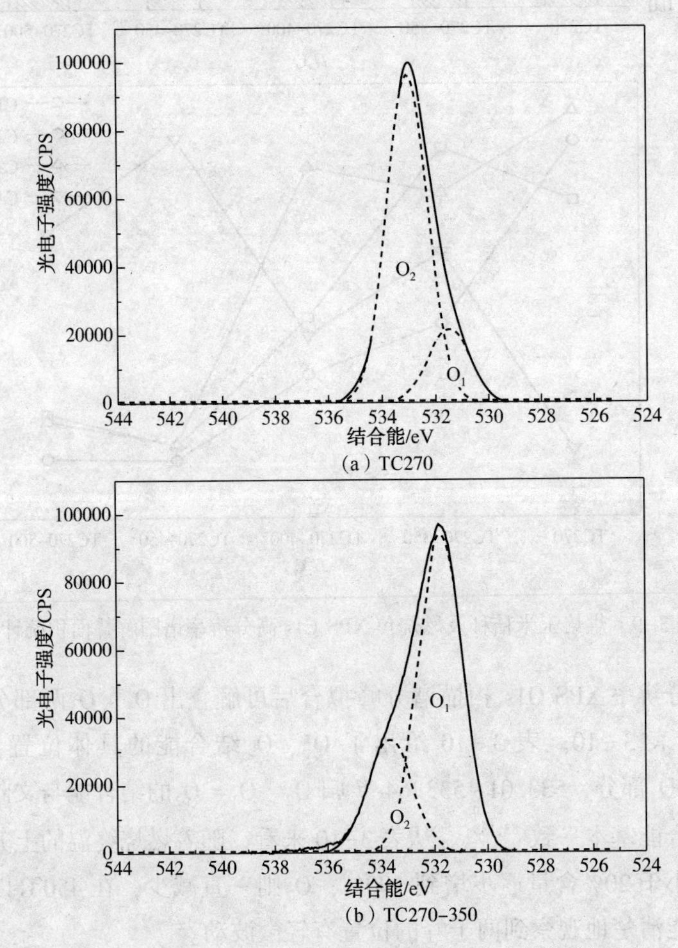

(a) TC270

(b) TC270-350

图 3-10　烘焙玉米秸秆及燃烧焦 XPS C1s 高分辨率谱图解叠

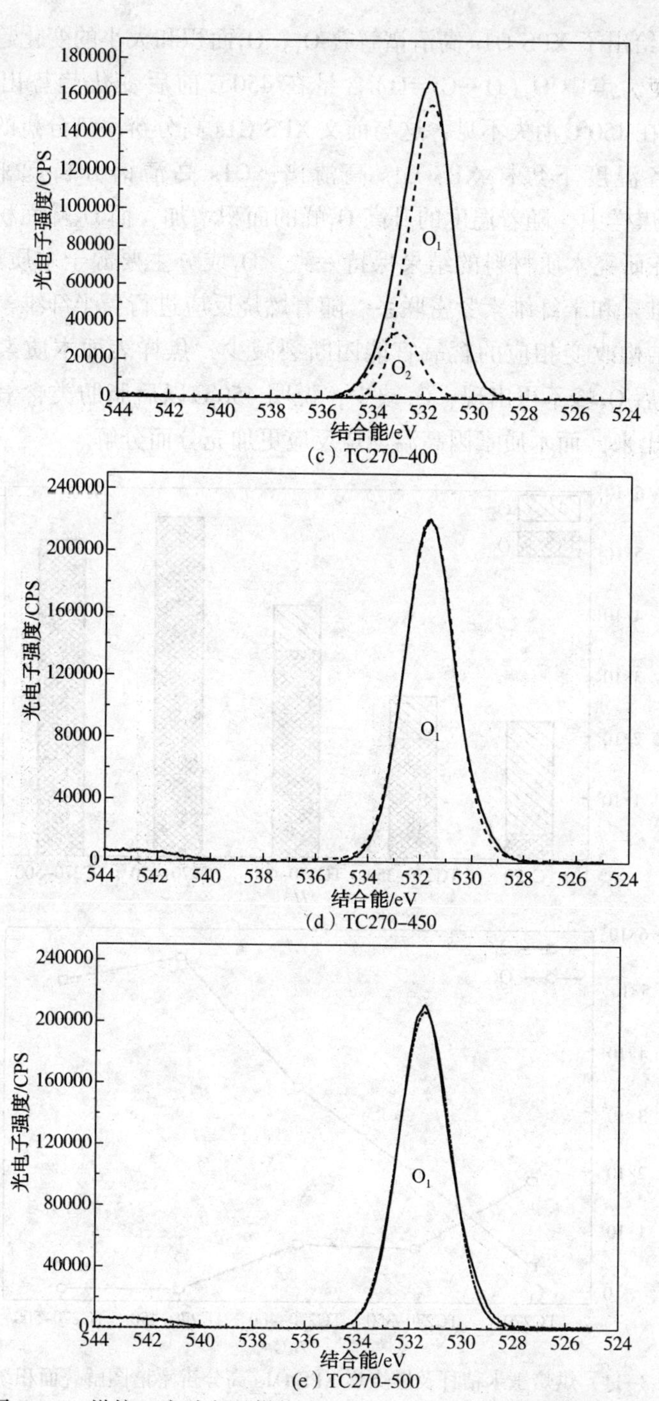

（c）TC270-400

（d）TC270-450

（e）TC270-500

图 3-10　烘焙玉米秸秆及燃烧焦 XPS C1s 高分辨率谱图解叠(续)

图 3-11 给出了 XPS O1s 高清谱解叠 O_1、O_2面积和大小的变化趋势。随着燃烧终温的改变，焦中 O_1(O—C═O) 含量在 450℃ 前后变化趋势出现不同，O_2(C—O)减少在450℃消失不见，这与前文 XPS C1s 高分辨率谱分析的结果基本一致。相比于各温度下焦样 XPS C1s 高清谱，O1s 高清谱分析起来更加简洁。450℃以前的焦样中，随着温度的升高 O_1峰的面积增加，而 O_2峰面积在减少。这一点和前人在研究木质材料的结果保持一致。O_1成分主要源于木质素得提取物，O_2峰则与纤维素和半纤维素紧密联系。随着燃烧反应进行，半纤维素与纤维素最先响应，其结构改变相应的含氧官能团断裂减少，焦样表面木质素含量相对增加。450℃以后 O_2峰不再出现，O_1减少，说明 450℃以后脂肪类含氧官能团很难由 XPS 检测出来，而木质素因高温燃烧反应更加充分而分解。

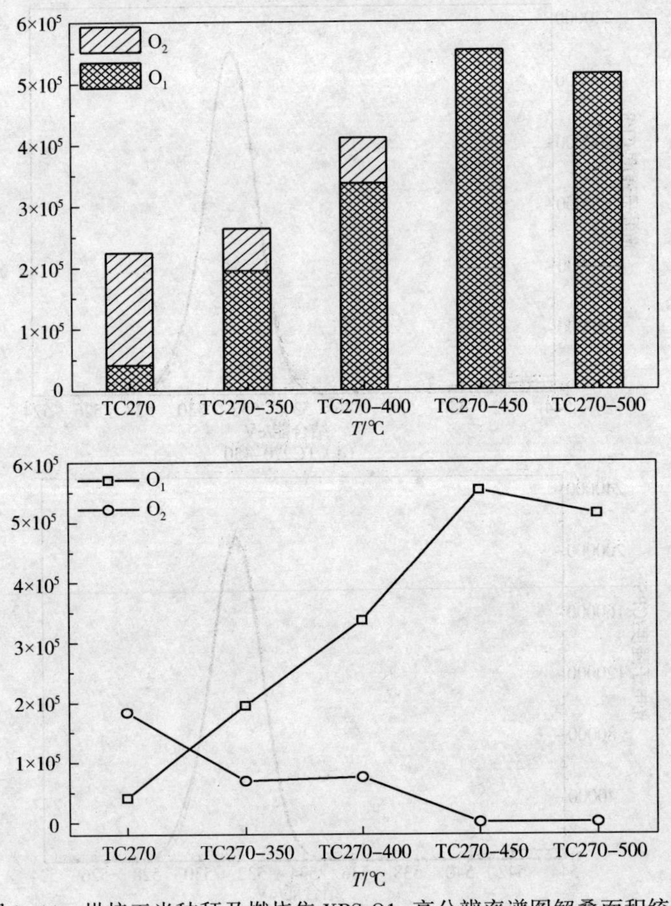

图 3-11　烘焙玉米秸秆及燃烧焦 XPS O1s 高分辨率谱图解叠面积统计

3.3　本章小结

本章以烘焙秸秆燃烧后焦样为研究对象，利用ATR-FTIR、XPS技术进行测试和分析，获取不同温度下焦样中各种官能团结构参数信息，并初步分析燃烧过程结构变化的特征。主要结论归纳如下：

①烘焙秸秆燃烧焦样ATR-FTIR分析发现：随燃烧反应进行焦样光谱图变化很大，纤维素和半纤维素中C—O—C糖苷键、木质素β-O-4键、甲氧基相继裂；脂肪族—CH_2—/—CH_3含量先是经历了因半纤维素与纤维素热降解生成短链或单链结构的增加，后因其燃烧释放而减少；木质素中芳香环碳骨架则在350℃以后才开始断裂减少。

②红外光谱分峰拟合发现：700~1820cm^{-1}分峰拟合结果显示，C—O含量相对较多，C—O键以及芳香族C—H面外振动含量相对较少。随着燃烧反应进行其含量变化趋势基本保持一致；2750~3700cm^{-1}分峰拟合结果则表明，不同温度焦样中分子间氢键含量最多，分子内次之自由羟基含量最少。对比两段光谱分析发现，随着燃烧反应的进行C—O—C/C═C键要比C—H/—O—H键稳定。

③烘焙秸秆燃烧焦样XPS能谱分析发现：随着燃烧反应的进行，O/C比例不断增加，在450℃达到峰值随后减少，这一变化与样品表面不断燃烧氧化有关。XPS C1s精细能谱图分峰拟合分析发现，燃烧中不同温度焦样中C_1(C—C/C—H)相对含量最多。燃烧反应过程中各成分(C_1~C_4)，除C_4(O—C═O)波动较大外，其余均呈现减小趋势。XPS O1s精细能谱图分峰拟合分析发现，燃烧过程中O_1(O—C═O)相对含量在增加，O_2(C—O)相对含量在减少，直到燃烧至450℃以后O_2峰不再出现。

第4章

燃烧过程中官能团演化特性分析

本章主要是结合第3章中ATR-FTIR的不同波段分峰拟合结果，以及XPS能谱C1s和O1s分析的结果对烘焙秸秆焦样官能团在燃烧过程中演化行为进行定性定量的研究讨论。并结合TG-DTG-DSC分析曲线对烘焙秸秆燃烧过程官能团演化特性进行综合性叙述。

4.1 烘焙秸秆表面官能团在燃烧过程中演化

烘焙玉米秸秆中主要包含脂肪基团、芳香基团、含氧官能团三类，具体可分为如下几类：脂肪基团中甲基（$—CH_3$）、亚甲基（$—CH_2—$）、次甲基（CH）；芳香基团中C═C、C—H；含氧官能团中羟基、羧基、羰基C═O（包括酯和酮）、C—O（醇、酚、醚）。这六种官能团与燃烧过程及燃烧产物密切相关，对于这些官能团燃过程中演化特性的研究有助于优化秸秆的燃烧。

4.1.1 相邻温度的差谱反应官能团的演化

在3.1.1中已经对各温度下焦样ATR-FTIR光谱进行详细分析，本小节主要是从相邻温度光谱相减得到的差谱中，获得较为详细的官能团演化信息。光谱直接相减可以得到反映两温度间官能团变化趋势的差谱，差减结果峰值为正表示对应官能团含量增加，峰值为负表示含量减少。不同温度下焦样红外光谱差减结果绘于图4-1。

从差谱图4-1中可以看到，随着温度升高，烘焙秸秆中位于3100 ~3700cm^{-1}的羟基吸收峰开始并未降低，而是增多，即—OH及氢键含量增加。燃烧至400℃后急剧减少，随后燃烧温度增加其含量基本保持不变。脂肪族基团（2750~3000cm^{-1}）变化趋势与羟基变化保持一致。位于1574cm^{-1}的表征芳香族C ═C键吸收峰，其含量变化随着温度的增加也呈现出相同的变化情况。对于含氧官能团C═O含量变化与上述官能团变化保持一致，而C—O键波动较大，很难从差谱中获得明显的变化信息。

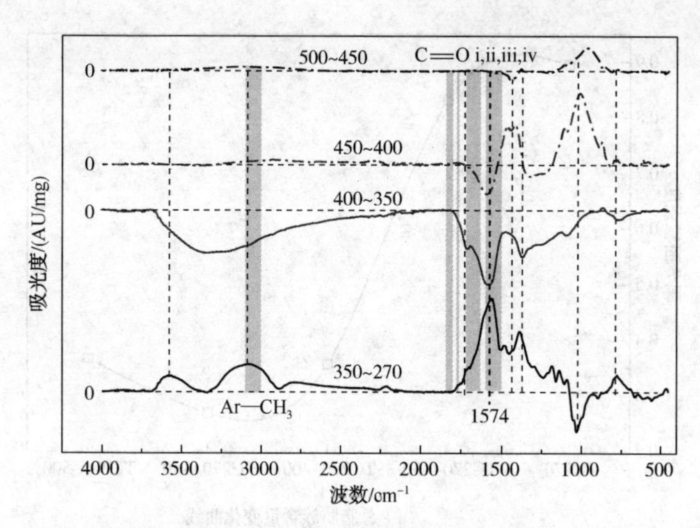

图 4-1　秸秆焦样相邻温度点的差谱

4.1.2　脂肪族官能团

秸秆焦样脂肪族官能团红外吸收区域在 2750~3000cm^{-1}，可由第 3 章中烘焙秸秆焦样 2750~3000cm^{-1}波段内红外光谱分峰拟合结果，绘制出代表总脂肪族官能团变化曲线[图 4-2(a)]及甲基、亚甲基、次甲基含量分布情况[图 4-2(b)]。图中横坐标为不同燃烧终温，纵坐标表示吸收峰积分面积的加和。

从图 4-2(a)中可以看出，不同温度下秸秆焦样中脂肪族官能团含量的变化可分为两个阶段。第一阶段面积强度一直减小，即焦样中脂肪官能团总量在不断下降，但在 350~400℃减少得最多。这可能是燃烧初期，烘焙秸秆颗粒间存在着分子间作用力或者是氢键的影响，使得脂肪族官能团分解受一定的制约，因而并未出现大量急剧减少。在燃烧温度 350~400℃区间内脂肪族官能团含量锐减，可能与烘焙焦样中 C—C 键和芳香族结构的断裂分解有关。随后燃烧温度升高到 450℃脂肪族官能团含量继续减少但速度放缓，这主要是因为总量在不断减少且燃烧已经经历过主反应温度段。第二阶段是在 450 ~500℃燃烧时脂肪族官能团含量少许增加，具体原因需要做进一步的研究分析。这样一个变化趋势基本与差谱分析结果相吻合。同时，XPS C1s 精细能谱图分峰拟合分析，C_1峰(C—C/C—H)面积峰强变化趋势(图 3-11)与上述变化保持一致，很能说明这一过程中总脂肪族官能团含量的变化特征。

讨论了总脂肪族官能团含量变化的同时，图 4-2(b)给出了燃烧过程不同温

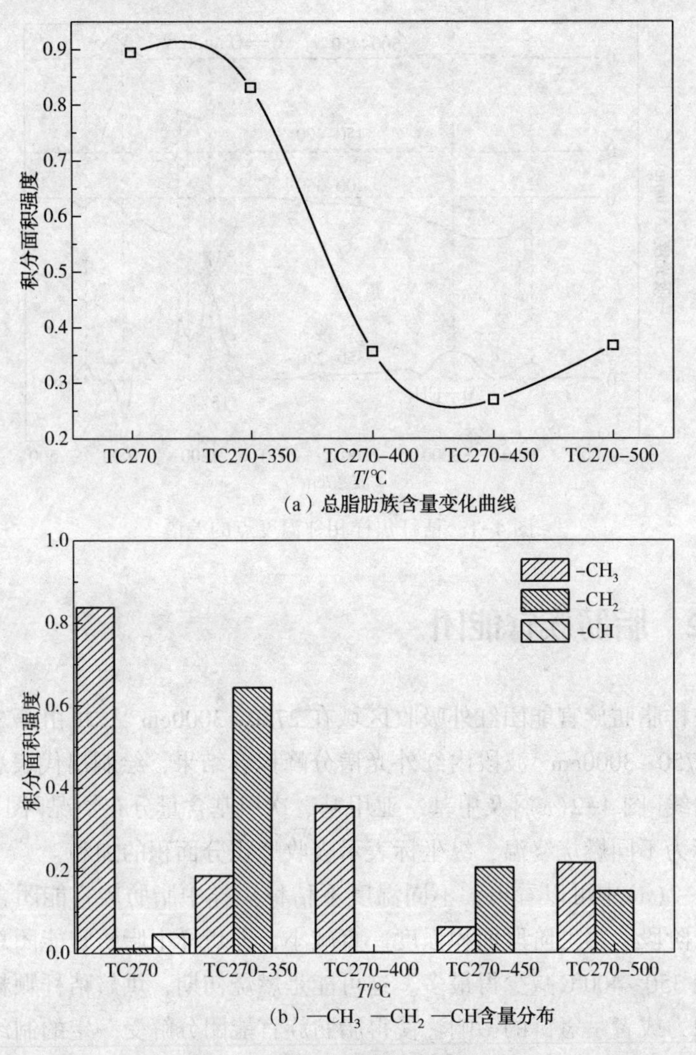

（a）总脂肪族含量变化曲线

（b）—CH_3 —CH_2 —CH含量分布

图 4-2　脂肪族官能团含量情况

度焦样下含量的分布。从图中很容易发现，甲基含量变化随温度变化成 W 型波动；亚甲基呈倒 W 型；次甲基在燃烧至 350℃以后，很难在从红外光谱中检测到。在燃烧开始—CH_3、—CH 减少，—CH_2—增加，可认为是—CH_3分解释放，也有—CH、—CH_2—转化的原因，但是分解占据主要因素故而表现出减少趋势。—CH 则在不断地转化为另外两种基团，故而减少，—CH_2—的变化也可以做类似解释。而当燃烧温度到达 350℃，—CH 就不再出现，这可能是因为材料自身含量就很少，实验测量手段以及数据处理也有限。燃烧低温阶段可认为燃烧的同时也在发生热解，Liu[134] 在研究超细煤粉低温热解时，发现侧链和脂肪族的

分解导致 CH_4 等碳氢化合物的排放，C—H 和 C—C 键消耗殆尽。同时，位于多核片边缘的新形成的活性位点更容易从环境中吸引游离氢。因此，高温热解过程中质子化芳基的丰度导致 sp^3 碳(C—H)的增加。另外，C—C 结构的形成可能是由于 C═C 键在恶劣条件下的断裂造成的。这或许可以为解释烘焙秸秆在低温(350℃以下)燃烧时脂肪族官能团含量变化提供一种思路。

4.1.3　芳香族官能团

烘焙秸秆焦样中芳香族官能团主要来源于木质素结构，包含有芳香族碳骨架 C═C 以及 C—H，其红外吸收峰归属分别位于 1510~1600cm^{-1}、3000~3100cm^{-1}。C═C 含量反映芳香碳的相对含量，而芳环的缩合度以及取代情况可通过芳香族 C—H 含量来进行分析。

(1) C═C。由差谱图 4-1 可以清晰地观察到，随着燃烧反应的进行其含量先增加再减少后趋于不变，这一变化和第 3 章中红外光谱 700~1820cm^{-1} 分峰拟合的结果保持一致。烘焙焦样燃烧至 350℃时，C═C 含量增加。这一变化过程可以从煤的热解研究[135]中得到启发，在低温燃烧过程中烘焙秸秆颗粒先后经历软化和熔融阶段，并出现炭化过程。随着脂肪族中一些松散键的裂解和劈裂，侧链出现环化和芳构化，造成芳构性增强表现为 C═C 吸收峰信号增强。然而，随着燃烧反应温度的逐步提升，解聚反应消耗量逐渐超过缩聚反应生成量，芳香族骨架 C═C 也逐渐断裂，表现出下降趋势。当燃烧温度达到 450℃以后，C═C 含量降到最低，此后变动不大。

(2) 芳香 C—H。焦样红外光谱 3000~3100cm^{-1} 区域内差谱变化，显示的是芳香 C—H 含量的波动。芳香 C—H 含量随着燃烧反应的进行出现先增加后减少最后趋于平稳的状态。烘焙秸秆从燃烧一开始阶段(350℃)，芳香 C—H 含量在增加，这可能是由于脂肪族取代基脱落氢转移至芳香结构造成的。同时，芳构化加强也会使芳香 C—H 含量增加，C═C 键在该温度范围内含量增加很好地解释了这种变化。伴随着燃烧反应的进行，温度超过 350℃时，芳香族开始大量燃烧分解，芳香族官能团 C═C/C—H 不断减少。直到反应最后阶段，芳香族基本燃尽，其含量基本保持不变。

4.1.4　含氧官能团

烘焙秸秆焦样中含氧官能团主要来源于半纤维素、纤维素以及木质素，包含

C═O、C—O 以及—OH 三种，是秸秆中有机氧赋存的主要形式，其红外吸收峰归属分别位于 1650~1750cm^{-1}、1000~1350cm^{-1}以及 3100~3750cm^{-1}。

（1）C═O 和 C—O 烘焙秸秆中 C═O 键主要存在形式为羧基、酯基和羰基，各部分含量的变化可由 ATR-FTIR 分峰拟合而得。图 3-4 给出总 C═O 随燃烧反应进行变化曲线，燃烧温度达到 350℃时含量增加，之后减少，然后就基本保持不变。樊双等[136]在研究纤维素焦低温氧化过程中表面官能团的演变时，将 C═O 红外吸收峰（1500~1900cm^{-1}范围内）分为四类：①羧酸酸酐羰基（1800~1840cm^{-1}）；②酯基中连接单个氧的羰基（1764~1775cm^{-1}）；③酮、醛、羧酸中的羰基(1630~1720cm^{-1})；④羧酸盐中的羰基(1500~1600cm^{-1})。将红外差谱 4-1 中 1500~1900cm^{-1}放大，得到图 4-3 秸秆焦样相邻温度点 C═O 的差谱图。从图中可以看到羧酸酸酐羰基含量基本没有变化，这可能是因为本身焦样中含量就很少，光谱检测不到。②、③型 C═O 含量随燃烧过程的进行，先增加后减少，到 450℃不发生改变。④型 C═O 键由于其特征峰范围内包含有C═C键吸收峰，所以很难从差谱的变化中得到其含量变化规律。

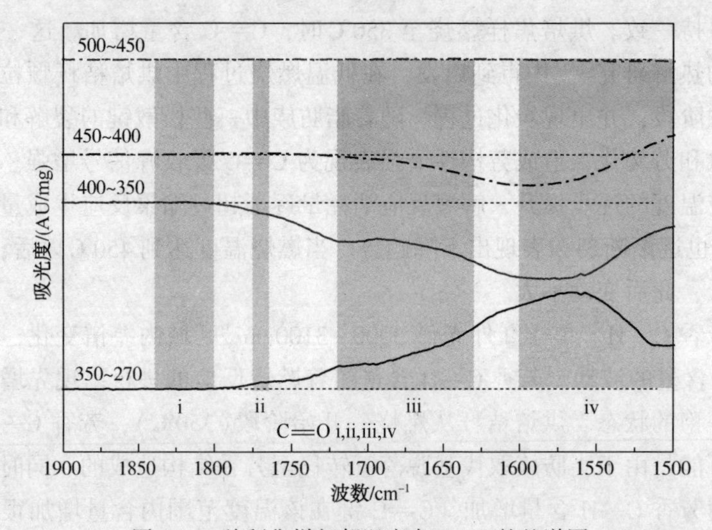

图 4-3 秸秆焦样相邻温度点 C═O 的差谱图

前面章节(第 3 章)，ATR-FTIR 光谱 700~1820cm^{-1}分峰拟和分析结果中，随着燃烧反应的进行，C═O 键含量变化是先增加后减少再保持不变(图 3-4)。XPS C1s 精细能谱图解分峰后 C_3、C_4归于 C═O，由表 3-10 拟合参数，将两峰面积强度加和绘制出 C═O 随温度变化如图 4-4 所示。可以看到整个过程变除了 450~500℃减少外，其变化趋势与红外分析结果保持一致。

C—O 含量的变化很难准确地从差谱分析中找到答案。ATR-FTIR 光谱 700~

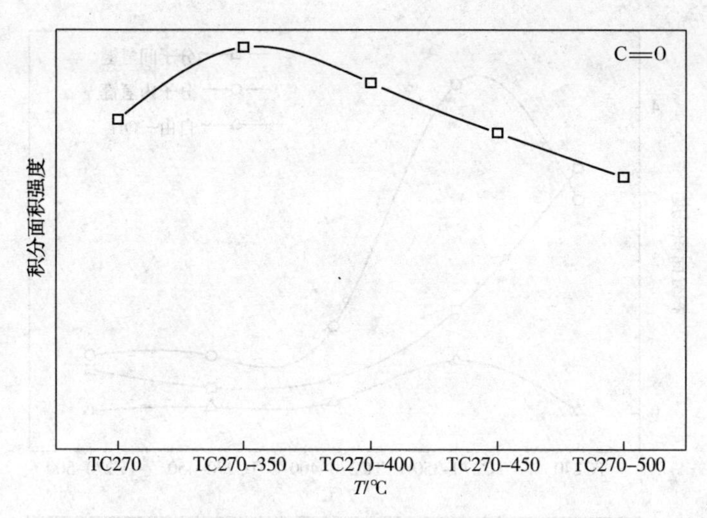

图 4-4　秸秆焦样 XPS C1s 分析 C═O 含量变化

$1820cm^{-1}$分峰拟和分析结果中，C—O 含量随着燃烧反应的进行出现先增加后减少再增加的变化趋势。但是 XPS C1s 和 O1s 精细能谱图分析结果表明，这个燃烧过程 C—O 含量是一直在减少的。两者测量结果的区别在于，实验测量方式以及实验数据的处理方法都会带来误差，加上测量仪器本身对于材料中不同官能团敏感度也不相同，故而分析结果会有一定出入。

从以上分析结果来看 C═O 含量在 350℃之前是在增加，此后开始减少。燃烧初期 O_2扩散到样品颗粒内部数量有限，部分焦样颗粒会被先氧化生成的 CO、CO_2气体包围，而二氧化碳分子对焦样(炭)表面活性位点的化学吸附很敏感，导致焦样中不断生成碳氧复杂的化合物，进一步转化为稳定的结构例如羧基中 C═O。随着燃烧反应继续进行，焦样中含氧官能团发生脱乙氧基、脱碳和脱羧的强化分解反应，释放 CO、CO_2，从而使得焦样中 C═O 逐步减少。与此同时 C—O 也会由于 C═O 减少而进一步向其转化，C—O(醇、酚、醚)键本身也会直接氧化成 CO、CO_2释放，使得 C—O 键含量减少。

(2) 羟基(—OH)。烘焙秸秆燃烧焦样中含有自由羟基、—OH 形成分子内氢键以及—OH 形成分子间氢键羟基三种，表征—OH 吸收振动峰光谱范围在 $3100\sim3700cm^{-1}$。从焦样相邻温度下差谱图 4-1 中可以看到，各形式羟基总含量在 350℃之前增加，后减少，到 400℃以后焦样中—OH 变化不在明显，偶有小的波动考虑是测量过程中空气中水分影响。由 ATR-FTIR 光谱在 $3100\sim3700cm^{-1}$分峰拟合参数(表 3-4~表 3-6)，各种形式羟基含量及其变化绘制在图 4-5 中。从图中清晰地看到分子间氢键含量最多，其次是分子内氢键，而自由羟基含量最少。

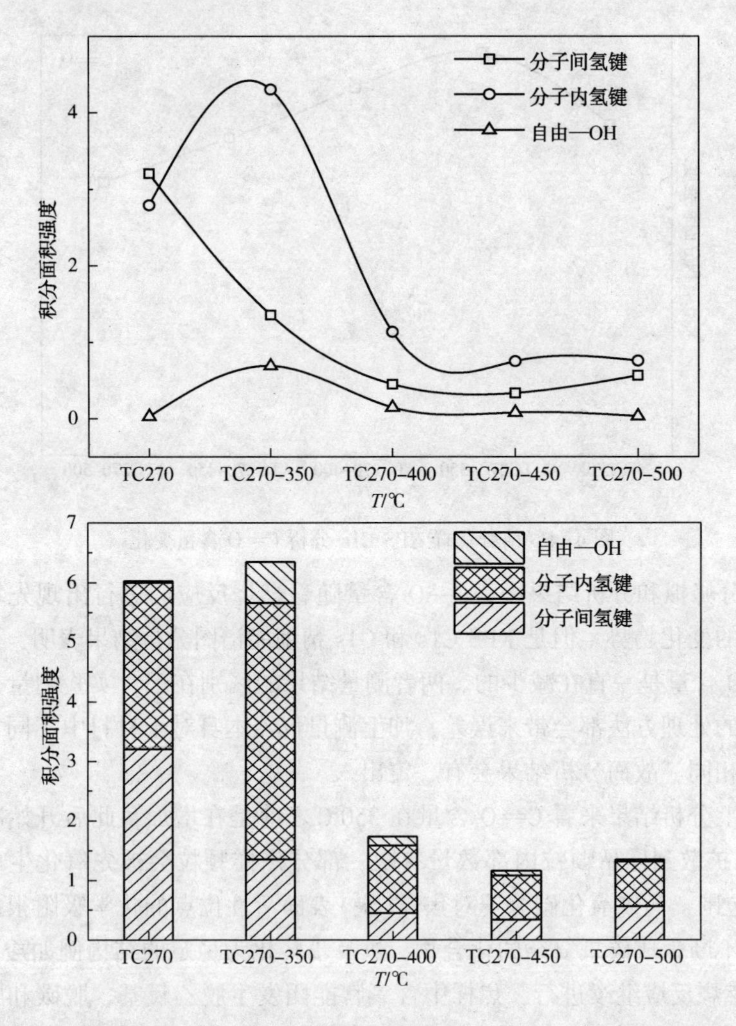

图 4-5 烘焙玉米秸秆及燃烧焦样中不同类型—OH 红外峰面积强度统计

从图 4-5 中可以看到，烘焙秸秆燃烧到 350 时，自由—OH 以及分子内氢键含量均先增加后减少，而分子间氢键则从燃烧一开始燃烧就保持下降趋势。从这一变化可以推测，形成分子间氢键逐渐转化为自由—OH 以及分子内氢键。可能原因有三个：第一，分子内氢键比分子间氢键稳定，燃烧初期状态由于某些因素的存在使得这一转化成为可能；第二，秸秆的氢键主要来源于纤维素、半纤维素以及木质素，由这三类大分子缔结而成。而分子间氢键又多存在于这些分子结晶区和无定形区，特别是纤维素无定型区分子键强度较弱，燃烧加热后易转变为游离态羟基，故而自由—OH 增多。第三，形成分子内氢键要比形成分子间氢键容易。燃烧反应继续进行，部分—OH 伴随着挥发分析出并且燃烧，与此同时分子间氢键被破坏，而分子内氢键也会随着大分子物质的分解而断裂。在这一过程中，不断有羟基交联反应发生，脱羟基以及缩合反应都会造成羟基的减少。当燃烧温度超过400℃时，红外中氢键吸收峰就不再来自焦样内部，主要是因为这部分吸收峰相比于之前较弱，且在该温度下焦样中大部分氢键都已完成反应，因此其变化原因可能是源于外界环境的影响。

4.2 官能团演化特性综合分析

4.1 节中基于 ATR-FTIR、XPS 详细分析了烘焙秸秆燃烧反应过程中脂肪基团、芳香基团、含氧官能团详细的演化情况。本小节将基于 TG-DTG-DSC 分析结果对官能团的演化特性做进一步分析说明。

图 4-6 是烘焙秸秆燃烧过程 TG-DTG-DSC 变化曲线，黑色标记部分为350℃各曲线上的点。从 TG-DTG 曲线可以看到，该温度下焦样重量在持续减少，但失重速率已经过了最大值，降到最低稍后又回升。ATR-FTIR 与 XPS 分析结果中燃烧至 350℃，总脂肪族官能团减少但是含氧官能团以及芳香族官能团均有增加。结合 TG 曲线该温度下焦样燃烧仍处于失重状态，说明这一过程中脂肪族随挥发分析出燃烧分解较为剧烈。DSC 曲线则说明该过程在不断吸收热量，也就是说燃烧反映到这个阶段前期释放的热量不足以满足燃烧继续进行所需要的热量，同时也表明焦样内部官能团的重组也需要热量。

进一步观察发现，烘焙秸秆燃烧 DTG/DSC 曲线中 400℃与 460℃均出现峰值，二者间有很好的对应关系，即烘焙秸秆失重速率与放热量保持一致，体现了强烈的燃烧失重以及相应热量的释放。ATR-FTIR 与 XPS 研究分析结果中各官能团含量减少，尤其在 350～400℃范围内 C═C、C—O、C═O 等含量迅速减少，燃烧分解不再以脂肪族为主，还包括含有芳香族的木质素，故而燃烧释放的热量也会随之变化。燃烧反应继续进行，挥发分析出，固定碳燃烧，在 450℃以后再次出现失重峰、放热峰，表明一些难燃复杂物质在此剧烈燃烧释放，直至燃烧结束。

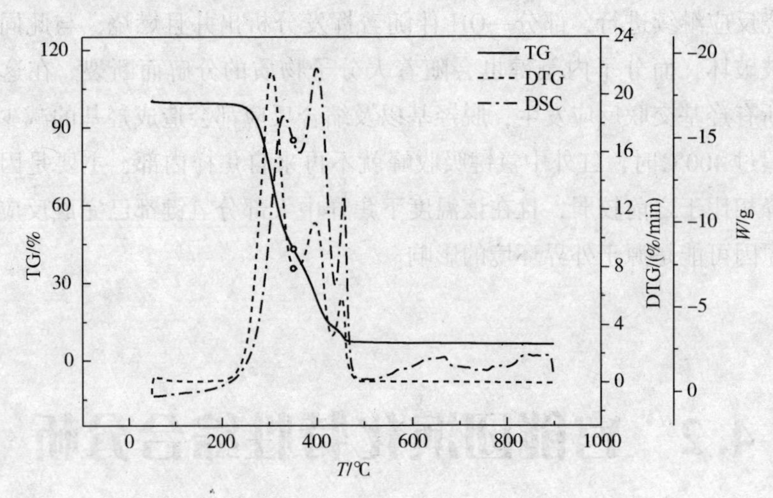

图 4-6 烘焙秸秆燃烧过程中 TG-DTG-DSC 曲线

4.3 本章小结

本章主要由 ATR-FTIR、XPS 分析结果，详细探讨了烘焙秸秆燃烧过程中官能团演化特性，并结合燃烧 TG-DTG-DSC 曲线对烘焙秸秆燃烧过程中官能团演化特征进行综合性描述。分析结果归纳如下：

①焦样燃烧过程中，总脂肪族官能团含量一直在减少最后趋于不变。甲基、亚甲基含量变化波动较大，次甲基在温度高于 350℃焦样红外光谱分峰拟合中就不再出现明显的特征吸收峰。脂肪族官能团的变化，说明烘焙秸秆在燃烧过程中半纤维素、纤维素、木质素分子脂肪链结构相继断裂，随挥发分释放燃烧。

②烘焙秸秆焦样中，芳香族官能团 C═C、C—H 含量随着燃烧反应进行均表现为先增加再减少的趋势。燃烧开始阶段，样品颗粒处于软化熔融阶段，使得内部发生碳化、芳构化，芳香族官能团含量上升。继续燃烧，木质素芳香结构断裂，随即释放燃烧进而使得焦样中含量减少。

③烘焙秸秆焦样在燃烧过程中，含氧官能团变化也不相同。C═O 键含量变化在初期是增加的，而后随着反应的进行逐渐减少。红外差谱分析表明，酯基、羧基、酮 C═O 键含量变化和总的 C═O 保持一致。C—O 键含量变化与ATR-FTIR与

XPS分析结果并不一致，但总的变化趋势都在减少。焦样在燃烧过程中不断被氧化，C—O键转化为C═O，而温升又会导致C═O含量因转化为CO、CO_2气体释放而减少。羟基中分子间氢键易转化为分子内氢键与自由—OH，但伴随着燃烧反应进行都会消失不见。

④ATR-FTIR、XPS分析结果结合烘焙秸秆燃烧过程TG-DTG-DSC曲线分析发现，烘焙秸秆在350℃以前仅是脂肪族官能团燃烧分解，即纤维素、半纤维素分子脂肪链在随挥发分析出燃烧。在350℃之后木质素也开始参加反应，并于400℃ DTG-DSC上表现出燃烧峰值，与之对应的是该温度区间内各种官能团骤减。温度达到450℃以后，小部分难分解物质分解燃烧。

结　论

烘焙预处理是提高生物质品质的有效途径，本书针对烘焙后的玉米秸秆由燃烧热重实验选出特征温度点表征燃烧过程，并于管式炉内进行燃烧试验获取不同温度焦样。采用衰减全反射傅里叶变换红外光谱分析法（ATR-FTIR）、X 射线光电子能谱（XPS）测试技术，对烘焙秸秆燃烧焦样官能团赋存形态进行研究，获得了燃烧过程官能团演化特征规律。现对本书研究分析结果总结如下：

①烘焙焦样燃烧主要是未分解的半纤维素、纤维素和木质素燃烧分解。随着升温速率的升高，热重实验中 DTG 曲线失重峰个数逐渐由 3 个减少为 2 个，燃烧向高温区迁移，燃尽温度不断升高，失重峰逐渐变宽，最大失重率增加，峰值向高温区移动，指数 C、指数 G、指数 S、指数 M_1 以及指数 R_w 均在增大。烘焙玉米秸秆在整个燃烧阶段的反应由高温段和低温段组成，燃烧在低温段都符合 3 级反应函数，并且相关系数较高，说明计算得到的燃烧函数与实际反应函数符合度较高，在高温段燃烧都符合 1 级反应函数，但是该段的相关系数明显低于低温段，说明高温段的反应并不完全和 1 级燃烧反应函数吻合。DSC 曲线分析结果表明整个燃烧过程为放热过程。最终结合热重分析着火点燃尽点，选择出表征燃烧过程特征温度点为：350℃、400℃、450℃、500℃。

②红外光谱能有效地运用于化学结构特性测定分析，利用衰减全反射傅里叶变换红外光谱分析法（ATR-FTIR）可获取烘焙秸秆燃烧焦样表面各种官能团信息。ATR-FTIR 光谱分析发现，焦样表面发现含有含脂肪基团、芳香基团、含氧官能团三类，其中以脂肪基团、含氧官能团面积吸收峰强度较大，含量较多。燃烧温度对烘焙秸秆焦样中官能团分布影响显著，随着燃烧反应的进行，各官能团含量出现不同变化。

③烘焙秸秆焦样 X 射线光电子能谱分析表明，焦样中 C、O 元素含量较多且 O/C 含量比值随温度的升高在不断增大，在 450℃后开始减少。XPS C1s 高清谱分析，C—H/C—C 键相对含量最多，C═O 键含量先增加后减少、C—O 键含量总体在不断减少。XPS O1s 高清谱分析，O—C═O 键含量增加后减少而C—O键在减少直到没有。

④红外分峰拟合、XPS 分析以及红外差谱分析结果表明脂肪基团、芳香基团、含氧官能团含量变化总体表现为减少趋势。随着燃烧反应的进行具体变化为，总脂肪族官能团随挥发分析出燃烧分解而减少。芳香族官能团主要存在于木质素结构中，在燃烧初期温度低于 350℃时，烘焙焦样中出现芳构化使得部分脂肪链结构转化为芳香结构，C═C 信号增强，随后受热分解断裂信号减弱。含氧官能团部分 C—O 键会被氧化为 C═O 键，C—O、C═O 之后会转化为 CO、CO_2 释放，焦样中含量减少。羟基的变化在燃烧初期主要是分子间氢键向自由—OH 和分子内氢键转化，然后就相继断裂反应消耗。

⑤ATR-FTIR 以及 XPS 分析结果与热重分析对比发现，燃烧在 350℃以下主要是脂肪族燃烧分解。当温度高于 350℃时，焦样 DTG 曲线出现失重峰、DSC 曲线放热出现峰值，焦样中各官能团消耗明显反应剧烈。燃烧温度超过 450℃时，难燃性物质挥发释放燃烧，进而导致官能团含量减少。

限于编著者能力和时间有限，本研究还可以进一步完善和细化，在以后的工作中可以在高温段的反应函数的确定上作进一步的研究和探讨；本书研究中仅研究讨论了烘焙后秸秆焦样中官能团演化特性，可以增加未烘焙的燃烧作对比，同时也可以将秸秆中三大成分提取出来分别烘焙燃烧，再去观察官能团变化，这将会使本研究更加深入和全面。

参 考 文 献

[1] 沈镭，张红丽，钟帅，等．新时代下中国自然资源安全的战略思考[J]．自然资源学报，2018，33(5)：3-16.

[2] Yang W，Cicek N，Ilg J. State-of-the-art of membrane bioreactors：Worldwide research and commercial applications in North America[J]．Journal of Membrane Science，2006，270(2)：201-211.

[3] McKendry P. Energy production from biomass (part 1)：overview of biomass[J]. Bioresource Technology，2002，83(1)：37-46.

[4] 陈冠益，马文超，颜蓓蓓．生物质废物资源综合利用技术[M]．北京：化学工业出版社，2015

[5] 鲜红．我国生物质成型燃料的研究进展[J]．林业建设，2017(05)：33-36.

[6] 任晓平，唐欣彤，孙晓婷，等．生物质成型燃料循环流化床燃烧技术探讨[J]．应用能源技术，2019(01)：17-19.

[7] 杜良巧，李运富，刘思源，等．生物质固体成型燃料物性及燃烧性能研究[J]．广东化工，2018，45(02)：35-36.

[8] 桑会英，杨伟，朱有健，等．生物质成型燃料热解过程无机组分的析出特性[J]．中国电机工程学报，2018，38(09)：2687-2692.

[9] 万勇．生物质微米燃料高温热解气化特性实验研究[D]．武汉：华中科技大学，2017.

[10] 刘春元，罗永浩．氧气对生物质气化气及焦油成分影响的实验研究[J]．上海理工大学学报，2014，36(04)：327-332.

[11] 王婷，金保昇，裴海鹏，等．稻秸成型燃料流化床气化炉内 CaO 脱氯实验研究[J]．化工进展，2017，36(03)：893-899

[12] 沈亮，刘建国，吕博，等．棉秆的流化床水蒸气气化实验研究[J]．再生资源与循环经济，2016，9(03)：38-40.

[13] 马中青，徐佳佳，任艺玮，等．两步进气下吸式固定床气化系统的设计、调试和运行[J]．科学技术与工程，2019，19(03)：67-74.

[14] 姜建国，孙荣峰，许敏，等．复合式低焦油固定床生物质气化装置研究[J]．热科学与技术，2019(03)：214-218.

[15] 于杰，董玉平，常加富，等．玉米秸秆循环流化床气化中试试验[J]．化工进展，2018，37(08)：2970-2975.

[16] 耿峰，齐天，王留民，等．玉米秸秆颗粒燃料热解气化试验研究[J]．河南科学，2014，32(06)：1082-1086.

[17] Zolghadr A，Kelley M D，Sokhansefat G，et al. Biomass microspheres-a new method for characterization of biomass pyrolysis and shrinkage[J]．Bioresource Technology，2018，273：16-24.

[18] Arni S A. Comparison of slow and fast pyrolysis for converting biomass into fuel[J]. Renewable Energy, 2018, 124: 197-201.

[19] Chen Z, Hu M, Zhu X, et al. Characteristics and kinetic study on pyrolysis of five lignocellulosic biomass via thermogravimetric analysis[J]. Bioresource Technology, 2015, 192: 441-450.

[20] 周涵君, 于晓娜, 孟琦, 等. 热解温度对油菜秸秆炭理化特性及孔隙结构的影响[J]. 河南农业大学学报, 2018, 52(06): 983-990.

[21] 陈吟颖. 生物质与煤共热解试验研究[D]. 保定: 华北电力大学(河北), 2007.

[22] 于梦竹. 改性催化剂对生物质热解影响的研究[D]. 沈阳: 沈阳航空航天大学, 2018.

[23] Adams P W R, Shirley J, Whittaker C, et al. Integrated assessment of the potential for torrefied wood pellets in the UK electricity market[C]. World bioenergy 2014 conference, Jönköping, Sweden, 2014.

[24] 李震, 闫莉, 高雨航, 等. 生物质压缩成型过程模型研究现状[J]. 科学技术与工程, 2019, 19(12): 1-7.

[25] 曹忠耀, 张守玉, 黄小河, 等. 生物质预处理制成型燃料研究进展[J]. 洁净煤技术, 2019, 25(01): 12-20

[26] Stelt M J C V D, Gerhauser H, Kiel J H A, et al. Biomass upgrading by torrefaction for the production of biofuels: A review[J]. Biomass Bioenergy, 2011, 35(9): 3748-3762.

[27] Pimchuai A, Dutta A, Basu P. Torrefaction of agriculture residue to enhance combustible properties[J]. Energy & Fuels, 2010, 24(9): 4638-4645.

[28] Medic D, Darr M, Shah A, et al. Effects of torrefaction process parameters on biomass feedstock upgrading[J]. Fuel, 2012, 91(1): 147-154.

[29] Deng J, Wang G J, Kuang J H, et al. Pretreatment of agricultural residues for co-gasification via torrefaction[J]. Journal of Analytical & Applied Pyrolysis, 2009, 86(2): 331-337.

[30] Arias B, Pevida C, Fermoso J, et al. Influence of torrefaction on the grindability and reactivity of woody biomass[J]. Fuel Processing Technology, 2008, 89(2): 169-175.

[31] Magalhaes A I P, Rodriguez A L, Putra Z A, et al. Techno-economic assessment of biomass pre-conversion processes as a part of biomass-to-liquids line-up[J]. Biofuels, Bioproducts and Biorefining, 2009, 3(6): 584-600.

[32] Bergman P C A. Combined torrefaction and pelletisation. The TOP process[M]. ECN publication, 2005.

[33] Arcate J R. Torrefied wood, an enhanced wood fuel[M]. USA: Idaho, 2002.

[34] Pach M, Zanzi R, E. Björnbom. Torrefied Biomass a Substitute for Wood and Charcoal[C]. 6th Asia-Pacific International Symposium on Combustion and Energy Utilization. 2002.

[35] Sridhar G, Subbukrishna D N, Sridhar H V, et al. Torrefaction of bamboo[C]. 15th European Biomass Conference &Exhibition, Berlin, 2007

[36] Felfli F F, Luengo C A, Suarez J A, et al. Wood briquette torrefaction[J]. Energy for Sustain-

able Development, 2005, 9(3): 19-22.

[37] Pierre F, Almeida G, Brito J O, et al. Influence of torrefaction on some chemical and energy properties of maritime pine and pedunculate oak[J]. BioResources, 2011, 6(2): 1203-1218.

[38] Chen W H, Hsu H C, Lu K M, et al. Thermal pretreatment of wood (lauan) block by torrefaction and its influence on the properties of the biomass[J]. Energy, 2011, 36(5): 3012-3021.

[39] Uemura Y, Omar W N, Tsutsui T, et al. Torrefaction of oil palm wastes[J]. Fuel, 2011, 90(8): 2584-2591.

[40] Sundqvist B, Karlsson O, Westermark U. Determination of formic-acid and acetic acid concentrations formed during hydrothermal treatment of birch wood and its relation to colour, strength and hardness[J]. Wood Science & Technology, 2006, 40(7): 549-561.

[41] Rousset P, Perré P, Girard P. Modification of mass transfer properties in poplar wood (P. robusta) by a thermal treatment at high temperature[J]. European Journal of Wood and Wood Products, 2004, 62(2): 113-119.

[42] Chen W H, Kuo P C. A study on torrefaction of various biomass materials and its impact on lignocellulosic structure simulated by a thermogravimetry[J]. Energy, 2010, 35(6): 2580-2586.

[43] Chew J J, Doshi V. Recent advances in biomass pretreatment-Torrefaction fundamentals and technology[J]. Renewable & Sustainable Energy Reviews, 2011, 15(8): 4212-4222.

[44] Lee J W, Kim Y H, Lee S M, et al. Optimizing the torrefaction of mixed softwood by response surface methodology for biomass upgrading to high energy density[J]. Bioresource Technology, 2012, 116: 471-476.

[45] Chen W H, Cheng W Y, Lu K M, et al. An evaluation on improvement of pulverized biomass property for solid fuel through torrefaction[J]. Applied Energy, 2011, 88(11): 3636-3644.

[46] 郝宏蒙，杨海平，刘汝杰，等．烘焙对典型农业秸秆吸水性能的影响[J]．中国电机工程学报，2013，33(8)：90-94.

[47] 朱波，王贤华，杨海平，等．农业秸秆烘焙热分析[J]．中国电机工程学报，2011，31(20)：121-126.

[48] 王贵军．用于混合气化的生物质供焙预处理的实验研究[D]．上海：上海交通大学，2010.

[49] 陈应泉，杨海平，朱波，等．农业稻轩烘焙特性及对其产物能源特性的影响[J]．农业机械学报，2012，43(4)：75-82.

[50] Phanphanich M, Mani S. Impact of torrefaction on the grindability and fuel characteristics of forest biomass. [J]. Bioresource Technology, 2011, 102(2): 1246-1253.

[51] 邓剑，罗永浩，王贵军，等．稻秆的烘焙预处理及其固体产物的气化反应性能[J]．燃料化学学报，2011，39(01)：26-32.

[52] 车庆丰，梅艳阳，杨晴，等．烘焙对生物质催化热解产物特性的影响研究[J]．太阳能学报，2017，38(08)：2027-2032.

[53] 陈青，周劲松，刘炳俊，等．烘焙预处理对生物质气化工艺的影响[J]．科学通报，2010，55(36)：3437-3443.

[54] 江洋，张会岩，邵珊珊，等．烘焙预处理对生物质热解的影响[J]．燃烧科学与技术，2015，21(03)：229-235.

[55] 余心之，岑珂慧，梅珈铭，等．烘焙预处理对纤维素热解特性影响的研究[J]．科学技术与工程，2017，17(35)：240-244.

[56] 朱波，王贤华，陈应泉，等．农业秸秆烘焙特性实验[J]．化工进展，2010，29(S1)：120-125.

[57] 凌云逸，孙锲，Ronald Wennersten. 生物质原料烘焙预处理研究[J]．能源与环境，2015(04)：85-87.

[58] 赵辉，周劲松，曹小伟，等．生物质烘焙预处理对气流床气化的影响[J]．太阳能学报，2008，29(12)：1578-1586.

[59] 龚春晓．不同粉碎预处理方式对烘焙松木屑的影响[D]．北京：中国农业大学，2016.

[60] Prins M，Ptasinski K，Janssen F. More efficient biomass gasification via torrefaction [J]. Energy，2006，31(3)：3458-3470.

[61] 陈登宇．干燥和烘焙预处理制备高品质生物质原料的基础研究[D]．合肥：中国科学技术大学，2013.

[62] 郝宏蒙．烘焙生物质疏水性能及热解特性研究[D]．武汉：华中科技大学，2013.

[63] 肖黎．加压烘焙预处理对生物质气化特性的影响[D]．武汉：华中科技大学，2016.

[64] 刘汝杰．生物质有氧烘焙及燃烧特性研究[D]．武汉：华中科技大学，2014.

[65] 刘卫山．玉米秸秆含氧烘焙制备生物质炭结构演化及吸附性能研究[D]．吉林：东北电力大学，2019.

[66] Chen W H，Kuo P C. Torrefaction and co-torrefaction characterization of hemicellulose，cellulose and lignin as well as torrefaction of some basic constituents in biomass[J]. Energy，2011，36(12)：803-811.

[67] Prins M J，Ptasinski K J，Janssen F J J G. Torrefaction of wood：Part 1. Weight loss kinetics [J]. Journal of Analytical and Applied Pyrolysis，2006，77(1)：28-34.

[68] Yagi S，Kunii D. Fluidized-solids reactors with continuous solids feed-I：Residence time of particles in fluidized beds[J]. Chemical Engineering Science，1961，16(3-4)：364~371.

[69] 鄂爽，巴浩楠，马瑞洁，等．谷子秸秆的热解特性及傅里叶红外光谱分析[J]．沈阳农业大学学报，2017(6)：697-704.

[70] Chinkap C，廖咏梅，许建华．精练棉织物表面 FTIR-ATR 红外光谱分析[J]．轻工科技，2008，24(1)：122-123.

[71] Colom X，Carrillo F，Nogués F，et al. Structural analysis of photodegraded wood by means of FTIR spectroscopy[J]. Polymer Degradation & Stability，2003，80(3)：543-549.

[72] Nuopponen M，Wikberg H，Vuorinen T，et al. Heat-treated softwood exposed to weathering

[J]. Journal of Applied Polymer Science, 2003, 91(4): 2128-2134.

[73] Pandey K, Study of the effect of photo-irradiation on the surface chemistry of wood[J]. Polymer Degradation & Stability, 2005, 90(1): 9-20.

[74] Temiz A, Terziev N, Eikenes M, et al. Effect of accelerated weathering on surface chemistry of modified wood[J]. Applied Surface Science, 2007, 253(12): 5354-5362.

[75] Lei S, Ahrenfeldt J, Holm J K, et al. Changes of chemical and mechanical behavior of torrefied wheat straw. [J]. Biomass & Bioenergy, 2012, 40(5): 63-70.

[76] Faix O. Classification of Lignins from Different Botanical Origins by FT-IR Spectroscopy[J]. Holzforschung, 1991, 45(s1): 21-28.

[77] 郭沁林. X射线光电子能谱[J]. 物理, 2007, 36(5): 405-410.

[78] 何建新, 章伟, 李克兢, 等. 竹浆粕在漂白流程中的XPS分析[J]. 纺织学报, 2009, 30(12): 13-17.

[79] 房江育, 宛小春. 茶树叶与根表面的XPS表征[J]. 光谱学与光谱分析, 2008, 28(9): 2196-2200.

[80] Hua X, Kaliaguine S, Kokta B V, et al. Surface analysis of explosion pulps by ESCA[J]. Wood Science & Technology, 1993, 28(1): 1-8.

[81] Nzokou P, Kamdem D P. X-ray photoelectron spectroscopy study of red oak-(Quercus rubra), black cherry-(Prunus serotine) and red pine-(Pinus resinosa) extracted wood surfaces[J]. Surface & Interface Analysis, 2010, 37(8): 689-694.

[82] Kocaefe D, Huang X, Kocaefe Y, et al. Quantitative characterization of chemical degradation of heat-treated wood surfaces during artificial weathering using XPS[J]. Surface & Interface Analysis, 2013, 45(2): 639-649.

[83] Salaita G N, Ma F M S, Parker T C, et al. Weathering properties of treated southern yellow pine wood examined by X-ray photoelectron spectroscopy, scanning electron microscopy and physical characterization[J]. Applied Surface Science, 2008, 254(13): 3924-3934.

[84] 林顺洪, 李伟, 柏继松, 等. TG-FTIR研究生物质成型燃料热解与燃烧特性[J]. 环境工程学报, 2017, 11(11): 6092-6097.

[85] 司耀辉. 秸秆类生物质成型燃料品质提升及粘结机理研究[D]. 武汉: 华中科技大学, 2018.

[86] Kylili A, Christoforou E, Fokaides P A. Environmental evaluation of biomass pelleting using life cycle assessment[J]. Biomass & Bioenergy, 2016, 84: 107-117.

[87] 宋冰腾. 生物质炭化成型燃料制备及燃烧特性研究[D]. 唐山: 华北理工大学, 2018.

[88] 吕峰. 生物质与煤混燃动态沉积结渣特性研究[D]. 沈阳: 沈阳航空航天大学, 2012.

[89] 李余增. 热分析[M]. 北京: 清华大学出版社, 1987.

[90] 蔡正千. 热分析[M]. 北京: 高等教育出版社, 1992.

[91] 施永红, 云峰, 杨盼盼, 等. 两种生物质燃烧性能及燃烧动力学特性的研究[J]. 节能技

术，2017，35(05)：407-410.

[92] 王连勇，孙文强，蔡九菊．不同种类生物质的燃烧特性分析[J]．冶金能源，2017，36(S2)：71-75.

[93] 刘正光，张静．柠条燃烧特性及燃烧动力学研究[J]．太阳能学报，2017，38(09)：2611-2618.

[94] 范方宇，郑云武，黄元波，等．果壳生物质燃烧特性与动力学分析[J]．生物质化学工程，2018，52(01)：29-34.

[95] 顾舒．关于飞灰再燃燃烧特性的实验研究[D]．保定：华北电力大学，2006.

[96] 胡荣祖，史启祯．热分析动力学[M]．北京：科学出版社，2001.

[97] 谢克昌．煤的结构与反应性[M]．北京：科学出版社，2002

[98] 刘建忠，张保生，周俊虎，等．石煤燃烧特性及其类属研究[J]．中国电机工程学报，2007，27(29)：17-22.

[99] 杨志斌，马莹，戴新，等．基于热重分析法的烟煤掺烧褐煤特性研究[J]．电力科学与工程，2015(3)：1-6.

[100] 王雨，赵斌，赵利杰，等．城市污泥与煤矸石混燃实验研究[J]．电力科学与工程，2013(10)：53-60.

[101] 李晓栋，樊保国，金燕，等．油页岩半焦燃烧特性试验研究[J]．煤炭学报，2016，41(10)：2473-2478.

[102] 杨艳华，汤庆飞，朱光俊，等．生物质与煤混合燃烧特性研究[J]．冶金能源，2016，35(3)：42-44.

[103] 谌伦建，赵跃民．工业型煤燃烧与固硫[M]．徐州：中国矿业大学出版社，2001.

[104] 张辉，王焱，杨威，等．混煤燃烧特性的热重实验[J]．长沙理工大学学报自然科学版，2012，9(1)：78-84.

[105] 孙学信．燃煤锅炉燃烧试验技术与方法[M]．北京：中国电力出版社，2002.

[106] 翁诗甫．傅里叶变换红外光谱仪[M]．北京：化学工业出版社，2005.

[107] 邸明伟，高振华．生物质材料现代分析技术[M]．北京：化学工业出版社，2010.

[108] Kövér，Lúszló，Fadley C S. X-ray photoelectron spectroscopy：Progress and perspectives[J]. Journal of Electron Spectroscopyand Related Phenomena，2010，178(5)：2-32.

[109] 黄惠忠．表面化学分析[M]．上海：华东理工大学出版社，2007

[110] 杜官本，华毓坤，崔永杰，等．微波等离子体处理木材表面光电子能谱分析[J]．林业科学，1999，35(5)：103-109.

[111] 朱锡锋，陆强．生物质热解原理与技术[M]．北京：科学出版，2014

[112] Shafizadeh F，Sekiguchi Y. Oxidation of chars during smoldering combustion of cellulosic materials[J]. Combustion & Flame，1984，55(2)：171-179.

[113] Gierlinger N，Goswami L，Schmidt M，et al. In Situ FT-IR Microscopic Study on Enzymatic Treatment of Poplar Wood Cross-Sections[J]. Biomacromolecules，2008，9(8)：2194-2201.

[114] Pandey K K. A study of chemical structure of soft and hardwood and wood polymers by FTIR spectroscopy[J]. Journal of Applied Polymer Science, 1999, 71(12): 1969-1975.

[115] 张燕. 烘焙预处理及后成型制备高品质生物质固体燃料研究[D]. 哈尔滨: 东北林业大学, 2016.

[116] 耿中峰. 纤维素热裂解机理的理论和实验研究[D]. 天津: 天津大学, 2010.

[117] Sarvaramini A, Assima G P, Larachi F. Dry torrefaction of biomass-Torrefied products and torrefaction kinetics using the distributed activation energy model[J]. Chemical Engineering Journal, 2013, 229(4): 498-507.

[118] Chen W H, Lu K M, Tsai C M. An experimental analysis on property and structure variations of agricultural wastes undergoing torrefaction [J]. Applied Energy, 2012, 100(100): 318-325.

[119] Pohlmann J G, Osório E, Vilela A C F, et al. Integrating physicochemical information to follow the transformations of biomass upon torrefaction and low-temperature carbonization[J]. Fuel, 2014, 131(17): 17-27.

[120] Pandey K K, Pitman A J. FTIR studies of the changes in wood chemistry following decay by brown-rot and white-rot fungi[J]. International Biodeterioration & Biodegradation, 2003, 52(3): 151-160.

[121] Li J R, Chen J B, Zhou Q, et al. Analysis of different parts and tissues of Panax notoginseng by fourier transform infrared spectroscopy[J]. Spectrosc Spect Anal, 2014, 34: 633-637.

[122] Ibarra J, Muñoz E, Moliner R. FTIR study of the evolution of coal structure during the coalification process[J]. Organic Geochemistry, 1996, 24(6-7): 725-735.

[123] He X Q, Liu X F, Nie B S, et al. FTIR and Raman spectroscopy characterization of functional groups in various rank coals[J]. Fuel, 2017, 206: 555-563

[124] 王鹏. 基于[Bmim]Cl 再生纤维素的热解及氢键结构演化特性研究[D]. 武汉: 华中科技大学, 2015.

[125] Inari G N, Petrissans M, Lambert J, et al. XPS characterization of wood chemical composition after heat-treatment[J]. Surface & Interface Analysis, 2006, 38(10): 1336-1342.

[126] Meng F D, Yu Y L, Zhang Y M, et al. Surface chemical composition analysis of heat-treated bamboo[J]. Applied Surface Science, 2016, 371: 383-390.

[127] Huang X, Kocaefea D, Boluk Y, et al. Study of the degradation behavior of heat-treated jack pine (Pinus banksiana) under artificial sunlight irradiation[J]. Polymer Degradation & Stability, 2012, 97(7): 1197-1214.

[128] Zhou J H, Sui Z J, Zhu J, et al. Characterization of surface oxygen complexes on carbon nanofibers by TPD, XPS and FT-IR[J]. Carbon, 2007, 45(4): 784-796.

[129] Ahmed A, Adnot A, Grandmaison J L, et al. ESCA analysis of cellulosic materials[J]. Cellulose Chemistry & Technology, 1987, 21(5): 483-492.

[130] Kamdem D P, Riedl B, Adnot A, et al. ESCA spectroscopy of poly(methyl methacrylate) grafted onto wood fibers[J]. Journal of Applied Polymer Science, 1991, 43(10): 1901-1912.

[131] Koubaa A, Riedl B, Koran Z. Surface analysis of press dried-CTMP paper samples by electron spectroscopy for chemical analysis [J]. Journal of Applied Polymer Science 1996, 61 (3): 545-552.

[132] Hua X, Kaliaguine S, Kokta B V, et al. Surface analysis of explosion pulps by ESCA Part 1. Carbon (1s) spectra and oxygen-to-carbon ratios [J]. Wood Science and Technology, 1993, 27(6): 449-459.

[133] Beamson G, Briggs D. High resolution XPS of organic polymers: The Scienta ESCA300 database [M]. New York: Wiley, 1992.

[134] Liu J, Ma Y, Luo L, et al. Pyrolysis of superfine pulverized coal. Part 4. Evolution of functionalities in chars[J]. Energy Conversion and Management, 2017, 134: 32-46.

[135] Saito K, Hatakeyama M, Komaki I, et al. Solid state NMR studies for a new carbonization process with high temperature preheating[J]. Journal of Molecular Structure, 2002, 602(1): 89-103.

[136] 樊双, 盛昌栋. 纤维素焦低温氧化过程中表面官能团的演变及 K 的影响[J]. 燃烧科学与技术, 2017(2): 166-172.